现代岩土工程勘察与监测技术研究

李振华　马龙　赵斌　著

北京工业大学出版社

图书在版编目（CIP）数据

现代岩土工程勘察与监测技术研究 / 李振华，马龙，赵斌著. — 北京 ：北京工业大学出版社，2021.10重印
ISBN 978-7-5639-6252-5

Ⅰ. ①现… Ⅱ. ①李… ②马… ③赵… Ⅲ. ①岩土工程—地质勘探 Ⅳ. ①TU412

中国版本图书馆CIP数据核字（2018）第125148号

现代岩土工程勘察与监测技术研究

著　　者：李振华　马　龙　赵　斌
责任编辑：赵圆萌
封面设计：点墨轩阁
出版发行：北京工业大学出版社
（北京市朝阳区平乐园100号　邮编：100124）
010-67391722（传真）　bgdcbs@sina.com
经销单位：全国各地新华书店
承印单位：三河市元兴印务有限公司
开　　本：787毫米×1092毫米　1/16
印　　张：11
字　　数：200千字
版　　次：2021年10月第1版
印　　次：2021年10月第2次印刷
标准书号：ISBN 978-7-5639-6252-5
定　　价：35.00元

前言

随着我国经济的发展和综合国力的提高，岩土工程建设事业也保持着快速的发展，在我国工程建设事业的发展过程中，我国完成了一项又一项重大岩土工程建设，如三峡大坝的建设等。新时期，我国岩土工程建设规模不断扩大，岩土工程建设所面临的地质条件也越来越复杂，这对我国的岩土工程建设提出了更高的要求。面对新时代对我国岩土工程建设提出的要求，我们必须加强对岩土工程建设技术的研究，满足新时代下岩土工程建设的需要，实现岩土工程新的发展。在岩土工程的建设中，要采用合理的技术进行岩土工程建设，并保证岩土工程建设安全进行。在现代岩土工程的建设过程中，工程的勘察与监测又是保证岩土工程建设安全的重要环节。

在现代岩土工程建设中，通过工程勘察活动的进行，能够准确地获得工程建设区域内地质环境条件的相关数据，了解工程建设区域内的岩土特性，这是现代岩土工程设计的重要基础和参考，也是现代岩土工程建设安全稳定、技术合理的重要保证。

同时，由于现代岩土工程的地质条件复杂、施工工序复杂，再加上工程施工现实所面临的经济、技术等条件的限制，在现代岩土工程中即使进行了工程勘察也不能对岩土体在施工过程中的动态响应做出准确的预测和评估。因此，在现代岩土工程中，还应该对现代岩土工程的施工进行工程监测，保证工程在施工过程中的安全。

本书立足于现代岩土工程中的工程勘察与监测这两个环节，以其相关技术的研究为主要内容。其中对现代岩土工程勘察技术的研究主要包括岩土工程的地质测绘与调查、岩土工程勘察原位测试技术、岩土工程水文地质勘查技术三个方面。在现代岩土工程勘察技术的研究中，原位测试技术是在自然环境下对岩土体进行的检测活动，相较于室内测试来说，能够避免取样对岩土体造成的扰动影响，测试的数据误差较小，因此本书对现代岩土工程勘察技术的研究以岩土工程勘察原位测试技术为主。岩土工程勘察原位测试技术十分丰富，本书重点介绍和研究了岩土工程勘察原位测试技术中的静力触探试验、静力荷载试验、圆锥动力触探试验、标准贯入试验、现场直接剪切试验、扁铲侧胀试验、旁压试验、岩体原位测试等。

对现代岩土工程监测技术的研究主要包括监测体系的构建和监测技术的实

施，其中，监测技术的实施以基坑工程监测、边坡工程监测、隧道地下工程监测为研究的主要内容。

对现代岩土工程来说，岩土工程勘察与监测不仅是某一工程施工过程中保障施工安全必不可少的环节，也能够为其他岩土工程的施工建设提供丰富的数据资料和建设经验，对推动现代岩土工程建设事业的发展具有重要的作用。随着岩土工程相关理论与技术研究取得了新的进展，岩土工程勘察原位测试等技术在现代岩土工程中的应用也越来越普遍。对现代岩土工程中的勘察与监测技术的发展与应用进行研究，有利于更好地掌握现代岩土工程的勘察与监测技术，将其更好地应用到现代岩土工程的实际工作中，提高岩土工程的建设质量，保证岩土工程的施工安全，解决日益复杂的地质因素给岩土工程建设带来的困难，提高岩土工程建设的施工水平，使勘察与监测技术更好地应用于现代岩土工程中，为我国新时代的现代岩土工程建设服务。

感谢山东省地质矿产勘查开发局第三水文地质工程地质大队的各位领导对本书出版给予的鼓励与支持，以及各位同事、朋友为作者提供的宝贵意见。作者在本书的写作过程中参考了大量多种类型的文献，在此向参考文献的作者表示衷心的感谢。由于时间仓促加之作者水平有限，书中难免存在不足之处，恳请广大读者批评指正。

作　者

2018年3月

目录

目录

第一章 绪 论

要对岩土工程进行相关的研究，首先要明确岩土工程的相关概念，确定岩土工程的研究对象和内容。勘察与监测是现代岩土工程中不可缺少的环节，对岩土工程的安全、顺利开展具有重要的作用。要对现代岩土工程勘察与监测技术进行研究，首先要了解岩土工程勘察与监测的理论基础。

第一节 岩土工程概述

一、岩土工程的形成

岩土工程形成一门独立的学科已有半个多世纪，它的迅速发展是由于国家大规模建设的开展。岩土工程的规模越来越大，如三峡工程可称为世界上最大的岩土工程。一亿立方米岩土体的开挖带来了许多岩土工程的难题和新的问题。

20世纪50年代 Geotechnical 大家称为“土工技术”，就当时来说，人类的活动和建设主要在沿海和沿江地区，遇到的主要是土层，加之建设规模远不如现代，谈不上深基坑之类问题，所以这样的翻译也是顺理成章的。60年代开始了我国大规模“三线建设”，考虑靠山、进洞、隐蔽的要求，遇到的不仅仅是土的问题还有大量是岩石的问题，因此，Geotechnical 也就称之为“岩土工程”。

随着岩土工程的发展，难题和新的问题不断出现。90年代出现“岩土工程”的英文称为“Rock and Soil Engineering”，这是1991年国际滑坡和岩土工程学术会议上武汉理工大学首次提出，被与会代表所认同

二、岩土工程的研究对象和目标

岩土工程作为一门工程学科，它必须有明确的研究对象，它的研究对象是边坡、基础、洞室（简称坡、基、洞），三者的形成可分为天然的和人工的。从物质结构组成可分为土体、岩体和混合体（土石混合）。这三者的稳定性是岩土工程的基本问题，如何评价、如何开挖都必须考虑它的稳定性，由此而派生的物性探测、参数测试、计算方法、监测预报、改性措施、先进的施工机械和组织等随之迅速发展，并推动了岩土工程的发展，丰富了岩土工程内涵。因此，作为岩土工程的目标就是要做到合理、有效、可靠、经济的坡、基、洞工程。

三、岩土工程的研究内容

岩土工程的研究内容包括：对岩土体的性状和力学行为的研究，如物理力学特性、应力应变、本构关系、地下水作用等；对岩土体对建筑工程的响应的研究，如承载力、稳定性、变形、破坏等；对岩土体性状改善的研究，如工程匹配中的桩、锚、置换、改性等；对创造和改善人类生存环境的研究，如资源开发、绿色建设、生态改善等措施的研究等。

第二节　岩土工程勘察概述

岩土工程工作包括岩土工程勘察、设计、施工、检验、监测和监理等。岩土工程勘察是整个岩土工程工作的重要组成部分之一，也是一项基础性的工作，它的成败将对后续环节的工作产生极为重要的影响。中华人民共和国国务院在2000年9月25日颁布的《建设工程勘察设计管理条例》（2015年、2017年两次修订）的总则部分规定，从事建设工程勘察设计活动，应当坚持先勘察、后设计、再施工的原则。

岩土工程勘察是指根据建设工程的要求，查明、分析、评价建设场地的地质、环境特征和岩土工程条件，编制勘察文件的活动。与其他的勘察工作相比，岩土工程勘察具有明确的针对性，即其目的是为了满足工程建设的要求，因此所有的勘察工作都应围绕这一目的展开。岩土工程勘察的内容是要查明、分析、评价建设场地的地质、环境特征和岩土工程条件。其具体的技术手段有多种，如工程地质测绘和调查、勘探和取样、各种原位测试技术、室内土工试验和岩石试验、检验和现场监测、分析和计算、数据处理等。但不是每一项工程建设都要采用上述全部的勘察技术手段，可根据具体的工程情况合理地选用。岩土工程勘察的对象是建设场地（包括相关部分）的地质、环境特征和岩土工程条件，具体而言主要是指建设场地岩土的岩性或土层性质、空间分布和工程特征，地下水的补给、贮存、排泄特征和水位、水质的变化规律，以及建设场地及其周围地区存在的不良地质作用和地质灾害情况。岩土工程勘察工作的任务是查明情况，提供各种相关的技术数据，分析和评价建设场地的岩土工程条件并提出解决岩土工程问题的建议，以保证工程建设安全、高效进行，促进社会经济的可持续发展。

我国的岩土工程勘察体制形成于20世纪80年代，而在此之前一直采用的是新中国成立初期形成的苏联模式的勘察体制，即工程地质勘察体制。工程地质勘察体制提出的勘察任务是查明场地或地区的工程地质条件，为规划、设计、施工提供地质资料。因此在实际工程地质勘察工作中，一般只提出勘察场地的工程地质条件和存在的地质问题，而不涉及解决问题的具体方法：对于所提供的资料，设计单位如何应用也很少了解和过问，使得勘察工作与设计、施工严重脱节，对工程建设产生了不利的影响。针对上述问题，自20世纪80年代以来，我国开始实施岩土工程勘察体制。与工程地质勘察体制相比，岩土工程勘察体制不仅要正确反映场地和地基的工程地质条件，还应结合工程设计、施工条件进行技术论证和分析评价，提出解决具体岩土工程问题的建议，并服务于工程建设的全过程，因此具有很强的工程针对性。经过多年的努力，岩土工程勘察体制已经较为完善，对中华人民共和国国家标准《岩土工程勘察规范》的三次修订（分别为1994年、2001年和2009年修订）都严格遵循了这一重要的指导思想。

第三节　岩土工程监测概述

一、岩土工程监测的对象与任务

岩土工程监测就是以实际工程为对象，在施工期及施工后期对整个岩土体和地下结构以及周围环境，在事先设定的点位上，按设定的时间间隔进行应力和变形现场观测。岩土工程监测是岩土工程的一个重要环节。主要是对一些重要的构筑物和大型建设工程的变形、位移、沉降等进行监测，如水利水电大坝、大型桥梁、重要厂房、大型地下隐蔽工程、矿山边坡和尾矿坝等。对复杂的地质灾害体进行监测，对一般工程而言，岩土工程监测可以保证工程施工质量和安全，提高工程效益，优化设计；对科研工作而言，岩土工程监测可以提供相对可靠的试验参数，直观地观测到岩土体性状的变化规律，是理论研究的基础和检验手段。因此，无论在生产实践还是科学研究中，岩土工程监测都被广泛地应用。

岩土工程监测始于20世纪30～40年代。早期通常是用一些简单的力学及水利仪器来监测变形、土压力及孔隙水压力。近年来，随着对岩土工程问题研究的深入，监测仪器和监测手段也在不断地更新发展。

二、岩土工程监测的内容

岩土工程监测的内容包括：

①开展桩质量检验及单桩承载力的测定。

②检验加固地基的效果。

③观测滑坡位移及建筑物沉降。

④监测地下水污染。

岩土工程监测的具体内容如下：

①工程场地及周边的变形、变位监测。按作用力方向，可分为垂直和水平两

类，具体是基础不均匀沉降，地基土的分层变形，基坑边坡稳定和地基土的回弹，打入桩侧向挤压变形，支护结构垂直和水平位移等。

②结构应力监测，包括基底压力（或反力），结构的钢筋应力，桩身应力，锚杆压力，支撑轴力等。

③地下水及孔隙水压力监测，包括地下水动态水位，必要时需监测地下水位面的倾斜和起伏，补给和流向，以及上述不同情况下孔隙水压力的变化。

④相邻建筑物的沉降、倾斜及地下管线的沉降、位移监测。

上述内容并不是每项工程的必需条件，而是根据工程特点、环境条件、水文工程地质情况、工程设计和施工方案等因素进行综合分析，有针对性地拟订监测方案。

三、岩土工程监测的目的

岩土工程是利用土力学、岩体力学及工程地质学的理论与方法，为研究各类土建工程中涉及岩土体的利用、整治和改造问题而进行的系统工作。测试技术是从根本上保证岩土工程设计的精确性、代表性以及经济合理性的重要手段。岩土工程安全监测的目的就是通过对岩体和土体变形的监测，掌握其活动情况、破坏机理及对工程的影响，进而分析监测信息以预测工程可能发生的破坏，为防灾减灾提供依据。岩土工程监测的主要目的与任务如下：

①根据监测结果，发现可能发生危险的先兆，判断工程的安全性，防止工程破坏事故和环境事故的发生，采取必要的工程措施。

②以工程监测的结果指导现场施工，确定和优化设计施工方案和参数，进行信息化施工。

③检验工程勘察资料的可靠性，验证设计理论和设计参数选定的正确性。

④校核理论（为理论解析、数值分析提供计算数据与对比指标），完善工程类比方法（为工程类比提供参数指标）。

⑤为验证和发展岩土工程的设计理论服务，为新的施工方法、技术提供可靠的实践资料和科学依据，促进技术和经济效益的提高。

四、岩土工程监测技术的发展现状、应用与趋势

（一）岩土工程监测技术发展现状

自20世纪50年代末期以来，现代科技成就，特别是电子技术和计算技术的成就被引用到岩土工程中来，极大地推动了勘察测试技术和岩土构筑物以及地基设

计理论与方法的进展。作为岩土工程重要内容的岩土工程监测技术（包括监测手段、方法与工具）的发展与进步，加速了信息化施工的推行，反过来又迅速提高了人们对岩土工程设计方法和理论的认识。岩土工程设计原则正从强度破坏极限状态控制向变形极限状态（或建筑物功能极限状态）控制发展。

改革开放以来，大型建设项目特别是城市高层建筑项目在各地纷纷开始建设，客观上对工程勘测、地基处理以及基础工程施工等方面提出了更高的要求。在这种形势下，1980年7月原国家建筑工程总局要求对所属有关工程勘测单位推行岩土工程体制的试点工作，近年来国家发展和改革委员会又将推行岩土工程体制作为勘测行业改革的重要内容之一，这更加促进了这一事业的迅速发展。目前，有一部分内容正努力试行向新的概率极限状态（可靠性设计方法）控制发展。我国岩土工程技术新进步的一个重要（在某种意义上可能是最重要的）表现是岩土工程信息化作业（融施工、监测和设计于一体的施工方法）的运行。信息化施工原理和环境效应问题被人们所关注，以致被接受并付诸行动。这不仅是岩土工程技术的进步，更是工程界直至社会在岩土工程总体意识上的更新、进步和发展，已日益表现在着力于岩土工程各类行为信息的监测、反馈、监控及其信息数据的及时处理和技术与管理措施的及时更新等。岩土工程监测技术的进步和发展，则是岩土工程信息化得以实施的强有力的物质基础和技术保障。国内外岩土工程监测技术的进步和发展具体表现在两方面。

一方面是监测方法及机具本身的进步。现代物理，特别是电子技术的成就，已广泛应用于新型监测仪表器具中，如各种材料不同形式的收敛计、多点位移计、应力计、压力盒、远视沉降仪、各类孔压计及测斜仪等的设计与制作，优化了仪表结构性能，提高了精度和稳定性。

另一方面是监测内容的不断扩大与完善。分析方法的不断提高，岩土体竖向变形和侧向位移、岩土中初始应力及二次应力、土体侧向压力、基础结构内力、接触面应力、空隙水压力以及施工环境诸因素和对象的反应监测等都能较全面地得到实施。前者为后者的实施提供了技术手段保证，而后者又促进了前者的技术更新与改进。

监测用于施工，保证和控制了施工质量，防止了事故（特别是灾难性事故）的发生，保证了环境安全，使岩土工程设计施工整体水平提到新的高度。但是，我们必须看到，目前岩土工程监测及应用还存在一些问题，主要表现在以下几点：

①监测仪表器具本身，在线性、稳定性、重复性、响应特性及操作性方面还存在许多问题。

②手段单一，监测结果缺乏科学合理的解释，监测信息的采集对基础地质信息重视不够，信息处理的新技术、新方法有待进一步研究和发展。

③在一些工程项目中，虽然重视了岩土工程监测工作，但管理制度不健全，

人员培训不及时，岩土工程信息没有得到充分应用。在许多工程中，岩土工程监测信息真正得到实际应用的不多，用以现场、指导生产、解决实际问题的则更少。

解决上述问题的方法包括：

①健全管理制度。

②增强考核与管理。

③加强控制：在取样技术的标准化，新仪器新方法的开发，工程地球物理探测，现场测试、室内试验、理论预测和数值反分析及其再预测的有机结合与循环方面加强控制。

（二）岩土工程监测技术应用状况

岩土工程监测技术方面，我国已由过去的人工皮尺简易工具的监测手段过渡到仪器监测，又正在向自动化、高精度及远程系统发展。岩土工程的监测起步较晚，它是随岩土工程的失事为人们提供教训后，不断地寻求稳定分析和监测手段而逐步发展起来的。自20世纪50年代以来，岩土工程界逐步认识到许多结构的失事多是因为地基失稳引起的，边坡工程、地下工程的事故也是岩土体失稳所致，于是稳定性分析与监测工作逐步受到重视。由于岩土体复杂，岩土力学尚属半经验半理论的性质，在时间和空间上对岩土工程的安全程度做出准确的判断还有很大困难，通过稳定分析与监测可以保证工程的施工、运行安全，同时又可以验证设计、优化设计和提高设计水平。

自20世纪70年代以来，对监测项目的确定、仪器的选型、仪器的布置、仪器的埋设技术与观测方法、观测资料的整理分析等的研究工作逐步加深。自20世纪80年代以来，监测设计和监测方法不断改进，相继提出了一些考虑地质地貌条件、岩土体工程技术性质、工程布置、监测空间和时间连续性的要求等因素的安全监测布置原则和方法。自20世纪90年代以来，监测范围不断扩大，数据处理、资料分析、安全预报系统不断完善，安全监测逐渐发展为稳定分析与安全监测，成为提供设计依据、优化设计和可靠性评价、施工质量控制不可缺少的手段。

由于监测仪器和水平的限制，对岩土的监测一般采用宏观地质经验观测方法，即开始主要是通过人工观测地表的变化特征，地下水的异变，周围动植物的异常等来确定岩土的状况。岩土工程监测逐渐从定性向定量发展，开始出现了简易观测法，即在关键裂缝处通过做标记、树标杆等方法来量取裂缝长度、宽度、深度的变化以及延伸方向。随着观测方法的进步，逐渐出现了大地测量法，这种方法的发展主要是伴随着高精度的光学及光电仪器的出现而逐渐成熟的。同时由于监测仪器的快速发展，全球定位系统（Global Positioning System，GPS）测量以及近景摄影测量也迅速应用到相关的岩土工程监测中来。近代，伴随着电子技术及计算机技术的发展，声发射法、时域反射法和光时域反射法等也正被应用于其中。同时，由于网络技术的快速发展，岩土工程的现代监测方法应该是向远程网络监测方向发展。国内外在岩土工程领域已有大量的关于桥梁、大坝、边坡安全的安全监测系统。监测系统现状如下：

①桥梁安全监测的反馈分析系统。

②基坑工程自动监测系统。

③监测土坝变形的渗流监测自动化系统、滑坡体全站仪变形自动监测系统以及大气激光准直系统。

④桥梁远程状态安全监测系统。

⑤现场总线技术的网络化数据采集和处理系统。

⑥盾构姿态自动监测系统。

⑦地铁基坑的信息化施工管理系统。

（三）岩土工程安全监测发展趋势

综观有关岩土工程监测问题的当前研究动态和发展现状，岩土工程安全监测的发展趋势包括如下内容：

①安全监测涉及的领域不断扩大，对安全监测的认识更深入、更全面，观测范围进一步扩大。安全监测始于20世纪60年代初，最早是在大坝工程中得到应用，如今在桥梁工程、高层建筑等领域都得到发展。从传统测量到自动实时监测、从局部测点监测到分布式光纤监测、从线性分析到非线性分析、从静力到动力、从被动报警到主动预测及辅助决策，结构安全风险与可靠性分析也逐渐展开，安全监测技术吸收了众多领域的先进成果，内容广泛而深入。

②资料分析日趋深入，在注重工作性状研究的同时，安全监测模型的研究得到普遍重视，数据处理向在线实时监测发展，更多地采用了数学模型技术。

③新的仪器不断涌现，一些常规方法得到改进，观测手段更丰富、更先进、更智能化，观测精度不断提高。

④在监测系统设计方面则越来越重视以各种信息综合集成结果为基础的设计方法。

在20世纪70～80年代，许多岩土工程的监测系统主要由具体工程学科的工程技术人员设计。如与大坝有关的高边坡的监测系统主要由以水文地质工程地质专业工程师为主的工程技术人员设计；矿山监测则主要由采矿工程师来完成。不难看出，主要由具体工程学科的工程技术人员设计的监测系统的优势——他们对工程条件以及所担心的问题十分了解，目的性很强，他们很容易将所熟悉的本专业的知识带入监测系统的设计中去。但一般而言，这类设计仍然存在许多问题。例如，对工程地质和岩石力学的知识以及仪器本身的技术性能等的了解不一定很多、很全面，这样可能难以做到监测系统设计（包括仪器选型、布点和经济合理性分析等）能同时满足可靠、高效和经济等多项要求。

为了进一步提高岩土工程监测水平，许多研究者主张根据各种工程信息（包括设计意图、设计方法、工程尺寸、形状、各部分布局，以及施工方法）、地质条件（包括工程地质条件、水文地质条件和环境地质条件）的评价、岩土体的力学性质、气象资料、专家群体经验、数值分析的结果、已经发生的各种工程事故及其使用的监测仪器的性能、监测费用等方面信息的综合集成结果进行监测系统设计。理论研究和岩土工程实践表明，这种以多方面信息综合集成为基础的监测系统设计方法，是今后发展的方向。事实上，它正在受到越来越多的重视。

还应指出，监测系统设计是岩土工程可变更设计（也可称为监控设计或动态设计）的一个重要组成部分。近年来，监测系统已突显出远程、实时、非接触的特点。

⑤监测结果的分析对设计施工及运营管理决策的影响更加深入。基于监测信息对结构的安全性进行评估与预测，必要时采取控制措施是监测最根本的目的。

第二章　岩土工程的地质测绘技术

地质测绘与调查是岩土工程勘察的首要工作，也是岩土工程勘察中最基本的勘察方法。在进行岩土工程的地质测绘前需要进行相关资料的收集与研究，到工程现场进行踏勘，并在此基础上编制测绘纲要。接下来，就可以确定岩土工程地质测绘的内容，并开展地质测绘活动了。确定的测绘内容包括测绘范围、比例尺、精度要求、地质点填绘等。岩土工程地质测绘的主要方法包括坐标系统的建立、观测点与线的布置、钻孔放线等。

第一节　岩土工程地质测绘概述

工程地质测绘是工程地质勘察中一项最重要、最基本的勘察方法，也是诸勘察工作中走在前面的一项勘察工作。它是运用地质、工程地质理论对工程建设有关的各种地质现象，进行详细观察和描述，以查明拟定工作区内工程地质条件的空间分布和各要素之间的内在联系，并按照精度要求将它们如实地反映在一定比例尺的地形地图上，配合工程地质勘探编制成工程地质图，作为工程地质勘察的重要成果提供给建筑物设计和施工部门考虑。在基岩裸露的山区，进行工程地质测绘，就能较全面地阐明该区的工程地质条件，得到岩土工程地质性质的形成和空间信息的初步概念，判明物理地质现象和工程地质现象的空间分布、形成条件和发育规律，即使在第四系覆盖的平原区，工程地质测绘也仍然有着不可忽视的作用，只不过测绘工作的重点应放在研究地貌和松软土上。由于工程地质测绘能够在较短时间内查明地区的工程地质条件，而且费用又少，在区域性预测和对比评价中发挥了重要的作用，在其他工作配合下顺利地解决了工作区的选择和建筑物的原理配置问题，所以在规划设计阶段，它往往是工程地质勘察的主要手段。

工程地质测绘和调查一般在岩土工程勘察的早期阶段（可行性研究或初步勘察阶段）进行，也可用于详细勘察阶段对某些专门地质问题进行补充调查。工程地质测绘和调查能在较短时间内查明较大范围内的主要工程地质条件，不需要复杂设备和大量资金、材料，而且效果显著。在测绘和调查工作对地面地质情况了解的基础上，常常可以对地质情况做出迅速准确的分析和判断，为进一步勘探及试验工作奠定良好的基础。另一方面，工程地质测绘和调查也可以大大减少勘探和试验的工作量，从而为合理布置整个勘察工作，节约勘察费用提供有利条件，尤其是在山区和河谷等地层出露条件较好的地区，工程地质测绘和调查往往成为最主要的岩土工程勘察方法。

工程地质测绘和调查的主要任务是在地形地质图上填绘出测区的工程地质条件，其内容应包括测区的所有工程地质要素，即查明拟建场地的地层岩性、地质构造、地形地貌、水文地质条件、工程动力地质现象、已有建筑物的变形和破坏情况及以往建筑经验、可利用的天然建筑材料的质量及其分布等多方面，因此它属于多项内容的地表地质测绘和调查工作。如果测区已经进行过地质、地貌、水文地质等方面的测绘调查，则工程地质测绘和调查首先可在此基础上进行工程地质条件的综合，如发现尚缺少某些内容，则需进行针对性的补充测绘和调查。

工程地质测绘可以分为综合性测绘和专门性测绘两种。综合性工程地质测绘是对工作区内工程地质条件的各要素进行全面综合，为编制综合工程地质图提供资料。专门性工程地质测绘是为某一特定建筑物服务的，或者是对工程地质条件的某一要素进行专门研究以掌握其编号规律，为编制专用工程地质图或工程地质分析图提供依据。无论哪种工程地质测绘都是为建筑物的规划、设计和施工服务的，都有特定的研究项目。例如，在沉积岩分布区应着重研究软弱岩层和次生泥化夹层的分布、层位、厚度、性状、接触关系，可溶岩类的岩溶发育特征等；在岩浆岩分布区，侵入岩的边缘接触带、平缓的原生节理、岩脉及风化壳的发育特征等，凝灰岩受其泥化情况，玄武岩中的气孔等则是主要的研究内容；在变质岩分布区其主要的研究对象则是软弱变质岩带和夹层等。

工程地质测绘对各种有关地质现象的研究除要阐明其成因和性质外，还要注意定量指标的取得，如断裂带的宽度和构造岩的性状、软弱夹层的厚度和性状、地下水位标高、裂隙发育程变、物理地质现象的规模、基岩埋藏深度，以作为分析工程地质问题的依据。

第二节　岩土工程地质测绘前期准备

在正式开始工程地质测绘之前，还应当做好收集资料、踏勘和编制测绘纲要等准备工作，以保证测绘工作的正常有序进行。

一、测绘前资料收集整理

应收集的资料包括如下几个方面：

①区域地质资料：如区域地质图、地貌图、地质构造图、地质剖面图。

②遥感资料：地面摄影和航空（卫星）摄影相片。

③气象资料：区域内各主要气象要素，如年平均气温、降水量、蒸发量，对冻土分布地区，还要了解冻结深度。

④水文资料：测区内水系分布图、水位、流量等资料。

⑤地震资料：测区及附近地区地震发生的次数、时间、震级和造成破坏的情况等。

⑥水文及工程地质资料：地下水的主要类型、赋存条件和补给条件、地下水位及变化情况、岩土透水性及水质分析资料、岩土的工程性质和特征等。

⑦建筑经验：已有建筑物的结构、基础类型及埋深、采用的地基承载力，建筑物的变形及沉降观测资料。

二、进行现场踏勘

现场踏勘是在收集研究资料的基础上进行的，目的在于了解测区的地形地貌及其他地质情况和问题，以便于合理布置观测点和观测路线，正确选择实测地质剖面位置，拟订野外工作方法。

踏勘的内容和要求如下：

①根据地形图，在测区范围内按固定路线进行踏勘，一般采用“之”字形、曲折迂回而不重复的路线，穿越地形、地貌、地层、构造、不良地质作用有代表性的地段。

②踏勘时，应选择露头良好、岩层完整有代表性的地段做出野外地质剖面，以便熟悉和掌握测区岩层的分布特征。

③寻找地形控制点的位置，并抄录坐标、标高等资料。

④访问和收集洪水及其淹没范围等情况。

⑤了解测区的供应、经济、气候、住宿、交通运输等条件。

三、编制测绘纲要

测绘纲要是进行测绘的依据，其内容应尽量符合实际情况。测绘纲要一般包含在勘察纲要内，在特殊情况下可单独编制。测绘纲要应包括如下几方面内容：

①工作任务情况（目的、要求、测绘面积、比例尺等）。

②测区自然地理条件（位置、交通、水文、气象、地形地貌特征等）。

③测区地质概况（地层、岩性、地下水、不良地质现象）。

④工作量、工作方法及精度要求，其中工作量包括观测点、勘探点的布置、室内及野外测试工作。

⑤人员组织及经费预算。

⑥材料物资器材及机具的准备和调度计划。

⑦工作计划及工作步骤。

⑧拟提供的各种成果资料、图件。

第三节　岩土工程地质测绘工作内容

一、确定测绘范围和比例尺

（一）确定测绘范围

工程地质测绘一般不像普通地质测绘那样按照图幅逐步完成，而是根据规划和设计建筑物的要求在与该工程活动有关的范围内进行。测绘范围大一些就能观察到更多的露头和剖面，有利于了解区域观察地质条件，但是增大了测绘工作量；如果测绘范围过小则不能查明工程地质条件以满足建筑物的要求。选择测绘范围的根据一方面是拟建建筑物的类型及规模和设计阶段；另一方面是区域工程地质的复杂程度和研究程度。

建筑物类型不同，规模大小不同，则它与自然环境相互作用影响的范围、规模和强度也不同。选择测绘范围时，首先要考虑到这一点。例如，大型水工建筑物的兴建，将引起极大范围内的自然条件产生变化，这些变化会引起各种作用于建筑物的工程地质问题，因此，测绘的范围必须扩展到足够大，才能查清工程地质条件，解决有关的工程地质问题。如果建筑物为一般的房屋建筑，区域内没有对建筑物安全有危害的地质作用，则测绘的范围就不需很大。

在建筑物规划和设计的开始阶段为了选择建筑地区或建筑地，可能方案往往很多，相互之间又有一定的距离，测绘的范围应把这些方案的有关地区都包括在内，因而测绘范围很大。但到了具体建筑物场地选定后，特别是建筑物的后期设计阶段，就只需要在已选工作区的较小范围内进行大比例尺的工程地质测绘。可见，工程地质测绘的范围是随着建筑物设计阶段的提高而减小的。

工程地质条件复杂，研究程度差，工程地质测绘范围就大。分析工程地质条件的复杂程度必须分清两种情况：一种是工作区内工程地质条件非常复杂，如构造变化剧烈，断裂很发育或者岩溶、滑坡、泥石流等物理地质作用很强烈；另一种是工作区内的地质结构并不复杂，但在邻近地区有可能产生威胁建筑物安全的物理地质作用的资源地，如泥石流的形成区、强烈地震的发展断裂等。这两种情况都直接影响到建筑物的安全，若仅在工作区内进行工程地质测绘则后者是不能被查明的，因此必须根据具体情况适当扩大工程地质测绘的范围。

在工作区或邻近地区内如已有其他地质研究所得的资料，则应搜集和运用它们；如果工作区及其周围较大范围内的地质构造已经查明，那么只要分析、验证它们，必要时补充主题研究它们就行了；如果区域地质研究程度很差，则大范围的工程地质测绘工作就必须提到日程上来。

（二）确定比例尺

工程地质测绘的比例尺主要取决于设计要求，在工程设计的初期阶段属于规划选点性质，往往有若干个比较方案，测绘范围较大，而对工程地质条件研究的详细程度要求不高，所以工程地质测绘所采用的比例尺一般较小。随着建筑物设计阶段的提高，建筑物的位置会更具体，研究范围随之缩小，对工程地质条件研究的详细程度要求亦随之提高，工程地质测绘的比例尺也就会逐渐加大。而在同一设计阶段内，比例尺的选择又取决于建筑物的类型、规模和工程地质条件的复杂程度。建筑物的规模大，工程地质条件复杂，所采用的比例尺就大。正确选择工程地质测绘比例尺的原则是：测绘所得到的成果既要满足工程建设的要求，又要尽量地节省测绘工作量。

工程地质测绘采用的比例尺有以下几种：

1. 踏勘及路线测绘

比例尺1∶20万～1∶10万，在各种工程的最初勘察阶段多采用这种比例尺进行地质测绘，以了解区域工程地质条件概况，初步估计其对建筑物的影响，为进一步勘察工作的设计提供依据。

2. 小比例尺面积测绘

比例尺1∶10万～1∶5万，主要用于各类建筑物的初期设计阶段，以查明规划区的工作地质条件，初步分析区域稳定性等主要工程地质问题，为合理选择工作区提供工程地质资料。

3. 中比例尺面积测绘

比例尺1∶2.5万～1∶1万，主要用于建筑物初步设计阶段的工程地质勘察，以查明工作区的工程地质条件，为合理选择建筑物并初步确定建筑物的类型和结构提供地质资料。

4. 大比例尺面积测绘

比例尺1∶5000～1∶1000或更大，一般在建筑场地选定以后才进行大比例尺的工程地质测绘，以便能详细查明场地的工程地质条件。

二、确定比例尺测绘精度

工程地质测绘的精度指在工程地质测绘中对地质现象观察描述的详细程度，以及工程地质条件各因素在工程地质图上反映的详细程度。为了保证工程地质图的质量，工程地质测绘的精度必须与工程地质图的比例尺相适应。

观察描述得详细程度是以各单位测绘面积上观察点的数量和观察线的长度来控制的。通常不论比例尺多大，一般都以图上的距离为2～5 cm时有一个观察点来控制，比例尺增大，实际面积的观察点数就增大。当天然露头不足时，必须采用人工露头来补充，所以在大比例尺测绘时，常需配有剥土、探槽、试坑等坑探工程。观察点的分布一般不是均匀的，工程地质条件复杂的地段多一些，简单的地段少一些，应布置在工程地质条件的关键位置。综合性工程地质测绘每平方千米内观察点数及观察路线平均长度如表2-1所示。

表 2-1 综合性工程地质测绘每平方千米内观察点数及观察路线平均长度表

比例尺	地区工程地质条件复杂程度					
	简单		中等		复杂	
	观察点数	路线长度（km）	观察点数	路线长度（km）	观察点数	路线长度（km）
1:20 万	0.49	0.5	0.61	0.60	1.10	0.70
1:10 万	0.96	1.0	1.44	1.20	2.16	1.40
1:5 万	1.91	2.0	2.94	2.40	5.29	2.80
1:2.5 万	3.96	4.0	7.50	4.80	10. 0	5.60
1:1 万	13.80	6.0	26. 0	8. 0	34.60	10.0

布置观察点的同时，还要采取一定数量的原位测试和扰动的岩土样及水样进行控制，以提供岩土工程参数。表2-2给出了地矿行业1∶2.5万～1∶5万比例尺工程地质调查与测绘的取样控制数，其他比例尺测绘可参考有关规范执行。

表 2-2 工程地质测绘取样要求

工程地质条件复杂程度	比例尺	原位测试（孔组）	岩、土样（个）	水样（个）
简单	1:5 万	0.5 ～ 1	30 ～ 150	2 ～ 5
	1:2.5 万	1 ～ 2	75 ～ 250	4 ～ 8
中等	1:5 万	1 ～ 2	60 ～ 200	4 ～ 7
	1:2.5 万	2 ～ 3	150 ～ 380	6 ～ 10
复杂	1:5 万	1.5 ～ 2	90 ～ 250	6 ～ 8
	1:2.5 万	3 ～ 4	220 ～ 500	8 ～ 12

为了保证工程地质图的详细程度，还要求工程地质条件各因素的单元划分与图的比例尺相适应，一般规定岩层厚度在图上的最小投影宽度大于2 mm者应按比例尺反映在图上。厚度或宽度小于2 mm的重要工程地质单元（如软弱夹层、能反映构造特征的标志层）、重要的物理地质现象等，则应采用比例尺或符号的

办法在图上标示出来。

为了保证图的精度，还必须保证图上的各种界线准确无误，任何比例尺的图上界线误差不得超过0.5 mm，所以在大比例尺的工程地质测绘中要采用仪器定位。

三、地质点填绘

工程地质测绘是为工程建设服务的，反映工程地质条件和预测建筑物与地质环境的相互作用，其研究内容有以下几个方面。

（一）地层岩性

地层岩性是工程地质条件的最基本要素，是产生各类地质现象的物质基础。它是工程地质测绘的主要研究对象。工程地质测绘对地层岩性研究的内容有：

①确定地层的时代和填图单位。

②各类岩土层的分布、岩性、岩相及成因类型。

③岩土层的正常层序、接触关系、厚度及其变化规律。

④岩土的工程地质性质。

目前工程地质测绘对地层岩性的研究多采用地层学的方法，划分单位与一般地质测绘基本相同，但在小面积大比例尺工程地质测绘中，可能遇到的地层常常只是一个“统”“阶”，甚至是一个“带”，此时就必须根据岩土工程地质性质差异做出进一步划分才能满足要求。特别是砂岩中的泥岩、石灰岩中的泥灰岩、玄武岩中的凝灰岩，以及夹层对建筑物的稳定和防渗有重大的影响，常会构成坝基潜在的滑移控制面，这是构成地质测绘与其他地质测绘的一个重要区别。

工程地质测绘对地层岩性的研究还表现在既要查明不同性质岩土在地壳表层的分布、岩性变化和成因，也要测试它们的物理力学指标，并预测它们在建筑物作用下的可能变化，这就必须把地层岩性的研究建立在地质历史成因的基础上才能达到目的。在地质构造简单、岩相变化复杂的特定条件下，岩相分析法对查明岩土的空间分布是行之有效的。

工程地质测绘中对各类岩土层还应着重以下内容的研究：

①对沉积岩调查的主要内容是：岩性、岩相变化特征，层理和层面构造特征，结核、化石及沉积韵律，岩层间的接触关系；碎屑岩的成分、结构、胶结类型、胶结程度和胶结物的成分；化学岩和生物化学岩的成分、结晶特点、溶蚀现象及特殊构造；软弱岩层和泥化夹层的岩性、层位、厚度及空间分布；等等。

②对岩浆岩调查的主要内容是：岩浆岩的矿物成分及其共生组合关系，岩石结构、构造、原生节理特征，岩浆活动次数及序次，岩石风化的程度；侵入体的

形态、规模、产状和流面、流线构造特征，侵入体与围岩的接触关系，析离体、捕虏体及蚀变带的特征；喷出岩的气孔状、流纹状和枕状构造特点，反映喷出岩形成环境和次数的标志；凝灰岩的分布及泥化、风化特点；等等。

③对变质岩调查的主要内容是：变质岩的成因类型、变质程度、原岩的残留构造和变余结构特点，板理、片理、片麻理的发育特点及其与层理的关系，软弱层和岩脉的分布特点，岩石的风化程度等。

④对土体调查的主要内容涵括：确定土的工程地质特征，通过野外观察和简易试验，鉴别土的颗粒组成、矿物成分、结构构造、密实程度和含水状态，并进行初步定名。要注意观测土层的厚度、空间分布、裂隙、空洞和层理发育情况，搜集已有的勘探和试验资料，选择典型地段和土层，进行物理力学性质试验。测绘中要特别注意调查淤泥、淤泥质黏性土、盐渍土、膨胀土、红黏土、湿陷性黄土、易液化的粉细砂层、冻土、新近沉积土、人工堆填土等的岩性、层位、厚度及埋藏分布条件。确定沉积物的地质年代、成因类型。测绘中主要根据沉积物颗粒组成、土层结构和成层性、特殊矿物及矿物共生组合关系、动植物遗迹和遗体、沉积物的形态及空间分布等来确定基本成因类型。在实际工作中可视具体情况，在同一基本成因类型的基础上进一步细分（如冲积物可分河床相、漫滩相、牛轭湖相等），或对成因类型进行归并（如冲积湖积物、坡积洪积物等），通过野外观察和勘探，了解不同时代、不同成因类型和不同岩性沉积物的结构特征在剖面上的组合关系及空间分布特征。

在对岩土进行观察描述时应按如下要求进行：

①岩石的描述应包括地质年代、地质名称、风化程度、颜色、主要矿物、结构、构造和岩石质量指标（RQD）。对沉积岩应着重描述沉积物的颗粒大小、形状、胶结物成分和胶结程度，对岩浆岩和变质岩应着重描述矿物结晶大小及结晶程度。

②岩体的描述应包括结构面、结构体、岩层厚度和结构类型，并宜符合下列规定：

a. 结构面的描述包括类型、性质、产状、组合形式、发育程度、延展情况、闭合程度、粗糙程度、充填情况和充填物性质以及充水性质等。

b. 结构体的描述包括类型、形状、大小和结构体在围岩中的受力情况等。

c. 岩层厚度分类应按表2-3执行。

表 2-3 岩层厚度分类

层厚分类	单层厚度 h（m）	层厚分类	单层厚度 h（m）
巨厚层	$h > 10$	中厚层	$0.5 \geq h > 0.1$
厚层	$10 \geq h > 0.5$	薄层	$h \leq 0.1$

③对质量较差的岩体，鉴定和描述尚应符合下列规定：

a. 对软岩和极软岩，应注意是否具有可软化性、膨胀性、崩解性等特殊性质。

b. 对极破碎岩体，应说明破碎的原因，如断层、全风化等。

c. 应判定开挖后是否有进一步风化的特性。

④土的鉴定应在现场描述的基础上，结合室内试验的开土记录和试验结果综合确定。土的描述应符合下列规定：

a. 碎石土应描述颗粒级配、颗粒形状、颗粒排列、母岩成分、风化程度、充填物的性质和充填程度、密实度等。

b. 砂土应描述颜色、矿物组成、颗粒级配、颗粒形状、黏粒含量、湿度、密实度等。

c. 粉土应描述颜色、包含物、湿度、密实度、摇震反应、光泽反应、干强度、韧性等。

d. 黏性土应描述颜色、状态、包含物、光泽反应、摇震反应、干强度、韧性、土层结构等。

e. 特殊性土除应描述上述相应土类规定的内容外，尚应描述其特殊成分和特殊性质，如对淤泥尚需描述气味，对填土尚需描述物质成分、堆积年代、密实度和厚度的均匀程度等。

f. 对具有互层、夹层、夹薄层特征的土，尚应描述各层的厚度和层理特征。

g. 土层划分定名时应按如下原则：对同一土层中相间呈韵律沉积，当薄层与厚层的厚度比大于1/3时，宜定为“互层”；厚度比为1/10～1/3时，宜定为“夹层”；夹层厚度比小于1/10的土层，且多次出现时，宜定为“夹薄层”；当土层厚度大于0.5 m 时，宜单独分层。

h. 土的密实度可根据圆锥动力触探锤击数、标准贯入试验锤击数实测值 N、孔隙比 e 等进行划分。

（二）地质构造

地质构造对工程建设的区域地壳稳定性、建筑场地稳定性和工程岩土体稳定性来说，都是极其重要的因素。而且它又控制着地形地貌、水文地质条件和不良地质现象的发育及分布，所以地质构造是工程地质测绘研究的重要内容。

工程地质测绘对地质构造的研究内容有：

①岩层的产状及各种构造形式的分布、形态和规模。

②软弱结构面（带）的产状及其性质，包括断层的位置、类型、产状、断距、

破碎带宽度及充填胶结情况。

③岩土层各种接触面及各类构造岩的工程特性。

④近期构造活动的形迹、特点及与地震活动的关系。

工程地质测绘中研究地质构造时，要运用地质历史分析和地质力学的原理及方法，查明各种构造结构面的历史组合和力学组合规律。既要对褶皱、断层等大的构造形迹进行研究，也要重视节理、裂隙等小构造的研究。尤其是在大比例尺工程地质测绘中，小构造研究具有重要的实际意义。因为小构造直接控制着岩土体的完整性、强度和透水性，是岩土工程评价的重要依据。

工程地质测绘应在分析已有资料的基础上，查明工作区各种构造形迹的特点、主要构造线的展布方向等，包括褶曲的形态、轴面的位置和产状、褶曲轴的延伸性、组成褶曲的地层岩性、两翼岩层的厚度及产状变化、褶曲的规模和组成形式、形成褶曲的时代及应力状态。

对断层的调查内容，主要包括：断层的位置、产状、性质和规模（长度、宽度和断距），破碎带中构造岩的特点，断层两盘的地层岩性、破碎情况及错动方向，主断裂和伴生与次生构造形迹的组合关系，断层形成的时代、应力状态及活动性。

根据不同构造单元和地层岩性，选择典型地段进行节理、裂隙的调查统计工作，其主要内容是节理、裂隙的成因类型和形态特征，节理、裂隙的产状、规模、密度和充填情况等。调查时既要注意节理、裂隙的统计优势面（密度大者），也要注意地质优势面（密度虽不大，但规模较大）的产状及发育情况。实践表明，结合工程布置和地质条件选择有代表性的地段进行详细的节理、裂隙统计，以使岩体结构定量模式化是有重要意义的。

（三）地貌

地貌是岩性、地质构造和新构造运动的组合反映，也是近期外动力地质作用的结果，所以研究地貌就有可能判明岩性（如软弱夹层的部位）、地质构造（如断裂带的位置）、新构造运动的性质和规模，以及表层沉积物的成因和结构，据此还可以了解各种外动力地质作用的发育历史、河流发育史等。相同的地貌单元不仅地形特征相似，其表层地质结构也往往相同。所以在非基岩裸露地区进行工程地质测绘要着重研究地貌，并以地貌作为工程地质分区的基础。

工程地质测绘中对地貌的研究内容有：

①地貌形态特征、分布和成因。

②划分地貌单元，弄清地貌单元的形成与岩性、地质构造及不良地质现象等的关系。

③各种地貌形态和地貌单元的发展演化历史。

上述各项主要在中、小比例尺测绘中进行。在大比例尺测绘中，则应侧重地貌与工程建筑物布置以及岩土工程设计、施工关系等方面的研究。

在中、小比例尺工程地质测绘中研究地貌时，应以大地构造及岩性和地质结构等方面的研究为基础，并与水文地质条件和物理地质现象的研究联系起来，着重查明地貌单元的类型和形态特征，各个成因类型的分布高程及其变化，物质组成和覆盖层的厚度，以及各地貌单元在平面上的分布规律。

在大比例尺测绘中要以各种成因的微地貌调查为主，包括分水岭、山脊、山峰、斜坡悬崖、沟谷、河谷、河漫滩、阶地、剥蚀面、冲沟、洪积扇、各种岩溶现象等，调查其形态特征、规模、组成物质和分布规律。同时又要调查各种微地形的组合特征，注意不同地貌单元（如山区、丘陵、平原等）的空间分布、过渡关系及其形成的相对时代。

（四）水文地质条件

在工程地质测绘中研究水文地质条件的主要目的在于研究地下水的赋存与活动情况，为评价由此导致的工程地质问题提供资料。例如，研究水文地质条件是为论证和评价坝址以及水库的渗漏问题提供依据；结合工业与民用建筑的修建来研究地下水的埋深和侵蚀等，是为判明其对基础埋置深度和基坑开挖等的影响提供资料；研究孔隙水的渗透梯度和渗透速度，是为了判明产生渗透稳定问题的可能性等。

在工程地质测绘中水文地质调查的主要内容包括：

①河流、湖沼等地表水体的分布、动态及其与水文地质条件的关系。

②主要井、泉的分布位置，所属含水层类型、水位、水质、水量、动态及开发利用情况。

③区域含水层的类型、空间分布、富水性和地下水水化学特征及环境水的侵蚀性。

④相对隔水层和透水层的岩性、透水性、厚度和空间分布。

⑤地下水的流速、流向、补给、径流和排泄条件，以及地下水活动与环境的关系，如土地盐碱化、冷浸现象等。

对水文地质条件的研究要从地层岩性、地质构造、地貌特征和地下水露头的分布、性质、水质、水量等入手，查明含水、透水层和相对隔水层的数目、层位、地下水的埋藏条件，各含水层的富水程度和它们之间的水力联系，各相对隔水层的可靠性。要通过泉、井等地下水的天然和人工露头以及地表水体的研究，查明工作区的水文地质条件，故在工程地质测绘中除应对这些水点进行普查外，对其中有代表性的和对工程有密切关系的水点，还应进行详细研究，必要时应取水样进行水质分析，并布置适当的长期观察点以了解其动态变化。

（五）不良地质现象

对不良地质现象的研究一方面为了阐明工作区是否会受到现代物理地质作用的威胁，另一方面有助于预测工程地质作用。研究物理地质现象要以岩性、地质构造、地貌和水文地质条件的研究为基础，着重查明各种物理地质现象的分布规律和发育特征，鉴别其发育历史和发展量变的趋势，以判明其目前所处的状态及其对建筑物和地质环境的影响。

研究不良地质现象要以地层岩性、地质构造、地貌和水文地质条件的研究为基础，并收集气象、水文等自然地理因素资料。研究内容有：

①各种不良地质现象的分布、形态、规模、类型和发育程度。

②分析它们的形成机制、影响因素和发展演化趋势。

③预测其对工程建设的影响，提出进一步研究的重点及防治措施。

（六）已有建筑物的调查

工作区内及其附近已有建筑物与地质环境关系的调查研究，是工程地质测绘中特殊的研究内容：因为某一地质环境内已兴建的任何建筑物对拟建建筑物来说，应看作是一项重要的原型试验，往往可以获得很多在理论和实际两个方面上都极有价值的资料。研究内容有：

①选不同地质环境中的不同类型和结构的建筑物，调查其有无变形、破坏的标志，并详细分析其原因，以判明建筑物对地质环境的适应性。

②具体评价建筑场地的工程地质条件，对拟建建筑物可能的变形、破坏情况做出正确的预测，并提出相应的防治对策和措施。

③在不良地质环境或特殊性岩土的建筑场地，应充分调查、了解当地的建筑经验，以及在建筑结构、基础方案、地基处理和场地整治等方面的经验。

（七）人类活动的影响

工作区及其附近人类的某些工程活动，往往影响建筑场地的稳定性。例如：地下开采，大挖大填，强烈抽排地下水，以及水库蓄水引起的地面沉降、地表塌陷、诱发地震、斜坡失稳等现象，都会对场地的稳定性带来不利的影响。对它们的调查应予以重视。此外，场地内如有古文化遗迹和文物，应妥善地保护发掘，并向有关部门报告。

第四节　岩土工程地质测绘流程与方法

一、建立测绘的坐标系统

一个完整的坐标系统是由坐标系和基准两个方面要素所构成的。坐标系指的是描述空间位置的表达形式，而基准指的是为描述空间位置而定义的一系列点、线、面。所谓坐标系指的是描述空间位置的表达形式，即采用什么方法来表示空间位置。人们为了描述空间位置，采用了多种方法，从而也产生了不同的坐标系，如直角坐标系、极坐标系等。在测量中，常用的坐标系有以下几种。

①空间直角坐标系的坐标系原点位于参考椭球的中心，Z 轴指向参考椭球的北极，X 轴指向起始子午面与赤道的交点，Y 轴位于赤道面上，且按右手系与 X 轴呈90°夹角。某点在空间中的坐标，可用该点在此坐标系的各个坐标轴上的投影来表示。

②空间大地坐标系是采用大地经度（L）、大地纬度（B）和大地高（H）来描述空间位置的。纬度是空间的点和参考椭球面的法线与赤道面的夹角，经度是空间中的点和参考椭球的自转轴所在的面与参考椭球的起始子午面的夹角，大地高是空间点沿参考椭球的法线方向到参考椭球面的距离。

③平面直角坐标系是利用投影变换，将空间坐标通过某种数学变换映射到平面上，这种变换又称为投影变换。投影变换的方法有很多，如 UTM 投影等，在我国采用的是高斯 — 克吕格投影，也称为高斯投影。

在测量中常用的坐标系统有以下3种，当然也可以根据实际需要建立局部的坐标系，方便在实际施工中进行操作。

WGS-84坐标系（世界大地坐标系 -84）是目前 GPS 所采用的坐标系统，GPS 所发布的星历参数就是基于此坐标系统的。WGS-84坐标系是一个地心地固坐标系统。WGS-84坐标系统由美国国防部制图局建立，于1987年取代了当时 GPS 所采用的 WGS-72坐标系统而成为 GPS 所使用的坐标系统。WGS-84坐标系的坐标原点位于地球的质心，Z 轴指向 BIH1984.0定义的协议地球极方向，X 轴指向 BIH1984.0的起始子午面和赤道的交点，Y 轴与 X 轴和 Z 轴构成右手系。

1954年，北京坐标系成为我国目前广泛采用的大地测量坐标系。该坐标系源自苏联采用过的1942年普尔科夫坐标系，在苏联专家的建议下，我国根据当时的具体情况，建立起了全国统一的1954年北京坐标系。该坐标系采用的参考椭球是克拉索夫斯基椭球，遗憾的是，该椭球并未依据当时我国的天文观测资料进行重新定位，而是由苏联西伯利亚地区的一等锁，经我国的东北地区传算过来的。该坐标系的高程异常是以苏联1955年大地水准面重新平差的结果为起算值，按我国天文水准路线推算出来的，而高程又是以1956年青岛验潮站的黄海平均海水面为基准。

1978年，我国决定重新对全国天文大地网施行整体平差，并且建立新的国家大地坐标系统，整体平差在新大地坐标系统中进行，这个坐标系统就是1980年西安大地坐标系统。椭球的短轴平行于地球的自转轴（由地球质心指向1968.0 JYD地极原点方向），起始子午面平行于格林尼治平均天文子午面，椭球面类似大地水准面，它在我国境内符合的最好，高程系统以1956年黄海平均海水面为高程起算基准。

二、确定观测点和观测线路

（一）观测点定位的方法

为保证观测精度，需要在一定面积内满足一定数量的观测点。一般以在图上的距离为2～5 cm 加以控制。比例尺增大，同样实际面积内观测点的数量就相应增多，当天然露头不足时则必须布置人工露头补充，所以在较大比例尺测绘时，常配以剥土、探槽、坑探等轻型坑探工程。观测点的布置不应是均匀的，而是在工程地质条件复杂的地段多一些，简单的地段少一些，都应布置在工程地质条件的关键地段：

①不同岩层接触处（尤其是不同时代岩层）、岩层的不整合面。

②不同地貌单元分界处。

③有代表性的岩石露头（人工露头或天然露头）。

④地质构造断裂线。

⑤物理地质现象的分布地段。

⑥水文地质现象点。

⑦对工程地质有意义的地段。

工程地质观测点定位时所采用的方法，对成图质量影响很大。根据不同比例尺的精度要求和地质条件的复杂程度，可采用如下方法：

1. 目测法

对照地形底图寻找标志点，根据地形地物目测或步测距离。一般适用于小比例尺的工程地质测绘，在可行性研究阶段时采用。

2. 半仪器法

用简单的仪器（如罗盘、皮尺、气压计等）测定方位和高程，用徒步或测绳测量距离。一般适用于中等比例尺测绘，在初勘阶段时采用。

3. 仪器法

用经纬仪、水准仪等较精密仪器测量观测点的位置和高程。适用于大比例尺的工程地质测绘，常用于详勘阶段。对于有意义的观测点，或为解决某一特殊岩土工程地质问题时，也宜采用仪器测量。

4. GPS 定位仪

目前，各勘测单位普遍配置 GPS 定位仪进行测绘填图。GPS 定位仪的优点是定点准确、误差小并可以将参数输入计算机进行绘图，大大减轻了劳动强度，加快了工作进度。

（二）布置观测线路的方法

1. 路线法

垂直穿越测绘场地地质界线，大致与地貌单元、地质构造、地层界线垂直布置观测线、点。路线法可以最少的工作量获得最多的成果。

2. 追索法

沿着地貌单元、地质构造、地层界线、不良地质现象周界进行布线追索，以查明局部地段的地质条件。

3. 布点法

在第四纪地层覆盖较厚的平原地区，由于天然岩石露头较少，可采用等间距均匀布点形成测绘网格，大、中比例尺的工程地质测绘也可采用此种方法。

三、钻孔放线

钻孔放线一般分为初测（布孔）、复测和定测3个过程。初测就是根据地质勘察设计书设计的要求，将钻孔位置布置于实地，以便使用单位进行钻探施工。孔位确定后，应埋设木桩，并进行复测确认，在手簿上载明复测点到钻孔的位置。

复测是在施工单位平整机台后进行。复测时除校核钻孔位置外，应测定平整机台后的地面高程和量出在勘探线方向上钻孔位置至机台边线的距离。复测钻孔位置应根据复测点，按原布设方法及原有线位和距离以垂球投影法对孔位进行检核。复测时钻孔位置的地面高程可在布置复测点的同时，用钢尺量出复测线上钻孔位置点到地面的高差，进行复测时，再由原点同法量至平机台后的地面高差，然后计算出钻孔位置的高差。复测点的布设一般采用如下方法：

1. 十字交叉法

在钻孔位置四周选定4个复测点，使两连线的交点与钻孔位置吻合。

2. 距离相交法

在钻孔位置四周选定不在同一方向线上的3个点，分别量出与钻孔位置的距离。

3. 直线通过法

在钻孔位置前后确定2个复测点，使两点的连线通过孔位中心，量取孔位到两端点的距离。

复测、初测钻孔位置的高程亦可采用三角高程法。高差按所测的垂直角并配合理论边长计算。利用复测点高程比，采用复测点至钻孔位置的距离计算，由两个方向求得，以备检核。

钻孔位置定测的目的是测出其孔位的中心平面位置和高程，以满足储量计算和编制各种图件需要。钻孔位置定测时，以封孔标石中心或套管中心为准，高程测至标石面或套管面，并量取标石面或套管面至地面的高差。测定时，必须了解地质上量孔深的起点（一般是底木梁的顶面）与标石面或套管口是否一致，如不同应将其差数注出。在同一矿区内所有钻孔的坐标和高程系统必须一致。各种地质图件，尤其是剖面图都要用到钻孔的成果，而剖面图的比例尺往往比地形地质图大一倍，储量级别越高，图件的比例尺也越大。因此，钻孔位置定测精度要满足成图的需要。在一般情况为：

①钻孔（包括水文孔）时，对附近图根点的平面位置中误差不得大于基本比例尺图（即地形地质图）上0.4 mm。

②高程测定时，对附近水准点的高程中误差不得大于等高距的1/8，经检查后的成果才能提供使用。但水文孔的高程应用水准测量的方法测定。

在完成钻孔位置测定后应提交完整的资料，具体包括：钻孔设计坐标的计算资料，工程任务通知书，水平角、垂直角观测记录，内业计算资料，空位坐标高程成果表。

第三章 岩土工程勘察原位测试技术

岩土工程勘察中的原位测试是在岩土所在的自然环境中对岩土进行测定，以得出岩土的各种工程性质。在原位测试技术下，岩土的检测不需要采取土样，避免了测试前土体索道扰动而导致的数据偏差。本章主要从试验原理与目的、试验设备、试验技术要求、试验成果及应用这四个方面对岩土工程勘察原位测试技术进行研究。岩土工程勘察原位测试技术较为丰富，本章研究的技术主要有静力触探试验、静力荷载试验、圆锥动力触探试验、标准贯入试验、现场直接剪切试验、十字板剪切试验、钻孔剪切试验、扁铲侧胀试验、旁压试验、岩体原位测试。

第一节 静力触探试验

一、试验原理与试验目的

（一）试验原理

静力触探的基本原理是通过一定的机械装置，用准静力将标准规格的金属探头垂直均匀地压入土层中，同时利用传感器或机械量测仪表测试土层对触探头的贯入阻力，并根据测得的阻力情况来分析判断土层的物理力学性质。由于静力触探的贯入机理是一个较为复杂的问题，目前虽有很多的近似理论对其进行模拟分析，但尚没有一种理论能够圆满解释静力触探的机理。目前工程中仍主要采用经验公式将贯入阻力与土的物理力学参数联系起来，或根据贯入阻力的相对大小做定性分析。

（二）实验目的

静力触探试验的目的主要有5个方面：

①根据贯入阻力曲线的形态特征或数值变化幅度划分土层。

②评价地基土的承载力。

③估算地基土层的物理力学参数。

④选择桩基持力层、估算单桩承载力，判定沉桩的可能性。

⑤判定场地土层的液化势。

二、试验设备

静力触探的试验设备主要由三部分构成：一是探头部分，二是贯入装置，三是量测系统。

（一）探头

目前国内用的探头有3种，一种是单桥探头；另一种是双桥探头。此外还有能同时测量孔隙水压的两用（p_s～u）或三用（q_c～u～f_s）探头，即在单桥或双桥探头的基础上增加了能量测孔隙水压力的功能。

1. 单桥探头

单桥探头由带外套筒的锥头、弹性元件（传感器）、顶柱和电阻应变片组成。锥底的截面积规格不一，常用的探头型号及规格如表3-1所示，其中有效侧壁长度为锥底直径的1.6倍。

表 3-1 单桥探头的规格

型号	锥底直径 Φ（mm）	锥底面积 A（cm^2）	有效侧壁长度 L（mm）	锥角 a（°）
Ⅰ—1	35.7	10	57	60
Ⅰ—2	43.7	15	70	60
Ⅰ—3	50.4	20	81	60

2. 双桥探头

单桥探头虽带有侧壁摩擦套筒，但不能分别测出锥头阻力和侧壁摩擦阻力。双桥探头除锥头传感器外，还有侧壁摩擦传感器及摩擦套筒。侧壁摩擦套筒的尺寸与锥底面积有关，其规格如表3-2所示。

表 3-2 双桥探头的规格

型号	锥底直径 Φ（mm）	锥底面积 A（cm^2）	有效侧壁长度 L（mm）	锥角 a（°）
Ⅱ—1	35.7	10	200	60
Ⅱ—2	43.7	15	300	60
Ⅱ—3	50.4	20	300	60

（二）贯入装置

1. 加压装置

加压装置的作用是将探头压入土层中，按加压方式可分为下列几种：

（1）手摇式轻型静力触探

利用摇柄、链条、齿轮等人力将探头压入土中。用于较大设备难以进入的狭小场地的浅层地基土的现场测试。

（2）齿轮机械式静力触探

主要组成部件有变速马达（功率2.8～3 kW）、伞形齿轮、丝杆、导向滑块、支架、底板、导向轮等。其结构简单，加工方便，既可单独落地组装，也可装在汽车上，但贯入力小，贯入深度有限。

（3）全液压传动静力触探

分单缸和双缸两种。主要组成部件有油缸和固定油缸底座、油泵、分压阀、高压油管、压杆器和导向轮等。目前在国内使用全液压传动静力触探仪比较普遍，一般最大贯入力可达200 kN。

2. 反力装置

静力触探的反力用3种形式解决。

（1）利用地锚作反力

当地表有一层较硬的黏性土覆盖层时，可以使用2～4个或更多的地锚作反力，视所需反力大小而定。锚的长度一般在1.5 m左右，叶片的直径可分成多种，如25 cm、30 cm、35 cm、40 cm，以适应各种情况。

（2）利用重物作反力

如地表土为砂砾、碎石土等，地锚难以下入，此时只有采用压重物来解决反力问题，即在触探架上压足够的重物，如钢轨、钢锭、生铁块等。软土地基贯30 cm以内的深度，一般需压重物40～50 kN。

（3）利用车辆自重作反力

将整个触探设备装在载重汽车上，利用载重汽车的自重作反力。贯入设备装在汽车上工作方便，工效比较高，但由于汽车底盘距地面过高，使触探钻杆施力点距离地面的自由长度过大，当下部遇到硬层而使贯入阻力突然增大时易使触探钻杆弯曲或折断，此时应考虑降低施力点距地面的高度。

触探钻杆通常用外径Φ32 mm～Φ35 mm、壁厚为5 mm以上的高强度无缝钢管制成，也可用Φ42 mm的无缝钢管。为了使用方便，每根触探钻杆的长度以1 m为宜，触探钻杆接头宜采用平接，以减小压入过程中触探钻杆与土的摩擦力。

（三）量测装置

目前我国常用静力触探的量测记录仪器有两种类型：一种为电阻应变仪；另

一种为自动记录仪。

1. **电阻应变仪**

电阻应变仪由稳压电源、振荡器、测量电桥、放大器、相敏检波器和平衡指示器等组成。电阻应变仪是通过电桥平衡原理进行测量的。当触探头工作时，传感器发生变形，引起测量电桥电路的电压平衡发生变化，通过手动调整电位器使电桥达到新的平衡，根据电位器调整程度就可以确定应变的大小，并从读数盘上直接读出。

2. **自动记录仪**

自动记录仪是由通用的电子电位差计改装而成，它能随深度自动记录土层贯入阻力的变化情况，并以曲线的方式自动绘在记录纸上，从而提高了野外工作的效率和质量。它主要由稳压电源、电桥、滤波器、放大器、滑线电阻和可逆电机组成。自动记录仪的记录过程为：由探头输出的信号，经过滤波器以后，产生一个不平衡电压，经放大器放大后，推动可逆电机转动；与可逆电机相连的指示机构会沿着有分度的标尺滑行，标尺是按信号大小比例刻制的，因而指示机构所显示的位置即为被测信号的数值。近年来已将静力触探试验过程引入微机控制的行列，即在钻进过程中可显示和存入与各深度对应的q_c和f_s值，起拔钻杆时即可进行资料分析处理，打印出直观曲线及经过计算处理各土层的q_c、f_s平均值，并可永久保存，还可根据要求进行力学分层。

三、试验的技术要求

探头圆锥锥底截面积应采用10 cm^2或15 cm^2，单桥探头侧壁高度应分别采用57 mm或70 mm，双桥探头侧壁面积应采用150～300 cm^2，锥尖锥角应为60°。

探头测力传感器应连同仪器、电缆进行定期标定，室内探头标定的测力传感器的非线性误差、重复性误差、滞后误差、温度漂移、归零误差均应满足要求，现场试验归零误差应小于3%，绝缘电阻不小于500 MΩ。

深度记录的误差不应大于触探深度的 ±1%。

当贯入深度超过30 m或穿过厚层软土后再贯入硬土层时，应采取措施防止孔斜或断杆，也可配置测斜探头，量测触探孔的偏斜角，校正土层界线的深度。

孔压探头在贯入前，应在室内保证探头应变腔为已排除气泡的液体所饱和，并在现场采取措施保持探头的饱和状态，直至探头进入地下水位以下的土层为止。在孔压静探试验过程中不得上提探头。

当在预定深度进行孔压消散试验时，应量测停止贯入后不同时间的孔压值，其计时间隔由密而疏合理控制。试验过程中不得松动探杆。

四、试验成果及应用

（一）应用范围

静力触探试验的应用范围如下：

①查明地基土在水平方向和垂直方向的变化，划分土层，确定土的类别。

②确定建筑物地基土的承载力和变形模量以及其他物理力学指标。

③选择桩基持力层，预估单桩承载力，判别桩基沉入的可能性。

④检查填土及其他人工加固地基的密实程度和均匀性，判别砂土的密度及其在地震作用下的液化可能性。

⑤湿陷性黄土地区用来查找浸水湿陷事故的范围和界线。

（二）按贯入阻力进行土层分类

1. 分类方法

利用静力触探进行土层分类，由于不同类型的土可能有相同的 p_s、q_c 或 f_s 值，因此单靠某一个指标，是无法对土层进行正确分类的。在利用贯入阻力进行分层时，应结合钻孔资料进行判别分类。使用双桥探头时，由于不同土的 q_c 和 f_s 值不可能都相同，因而可以利用 q_c 和 f_s/q_c（摩阻比）两个指标来区分土层类别。对比结果证明，用这种方法划分土层类别效果较好。

2. 利用 q_c 和 f_s/q_c 分类的一些经验数据

如表3-3所示：

表 3-3 按静力触探指标划分土类

<table>
<tr><td rowspan="2">指示
单位
土的名称</td><td colspan="6">q_c，f_s/q_c 值</td></tr>
<tr><td colspan="2">中国铁道部</td><td colspan="2">中国交通部第一航务工程局设计院</td><td colspan="2">中航勘察设计研究院有限公司</td></tr>
<tr><td></td><td>q_c（MPa）</td><td>f_s/q_c（%）</td><td>q_c（MPa）</td><td>f_s/q_c（%）</td><td>q_c（MPa）</td><td>f_s/q_c（%）</td></tr>
<tr><td>淤泥质土及软黏性土</td><td>0.2～1.7</td><td>0.5～3.5</td><td><1</td><td>10～13</td><td><1</td><td>>1</td></tr>
<tr><td>黏土</td><td rowspan="3">1.7～9
2.5～20</td><td rowspan="3">0.25～5
0.6～3.5</td><td>1～1.7</td><td>3.8～5.7</td><td rowspan="3">1～7
0.5～3</td><td rowspan="3">>3
0.5～3</td></tr>
<tr><td>粉质黏土</td><td>1.4～3</td><td>2.2～4.8</td></tr>
<tr><td>粉土</td><td>3～6</td><td>1.1～1.8</td></tr>
<tr><td>砂类土</td><td>2～32</td><td>0.3～1.2</td><td>>6</td><td>0.7～1.1</td><td><1.2</td><td><1.2</td></tr>
</table>

（三）确定地基土的承载力

目前，为了利用静力触探确定地基土的承载力，国内外都是根据对比试验结果提出经验公式，以解决生产上的应用问题。

建立经验公式的途径主要是将静力触探试验结果与载荷试验求得的比例界限值进行对比，并通过对比数据的相关分析得到用于特定地区或特定土性的经验公式。对于粉土则采用式（3-1）：

$$f_0=36p_s+44.6 \tag{3-1}$$

式中：f_0为地基承载力基本值（kPa）；

p_s为单桥探头的比贯入阻力（MPa）。

（四）确定不排水抗剪强度C_u值

用静力触探求饱和软黏土的不排水综合抗剪强度（C_u），目前是用静力触探成果与十字板剪切试验成果对比，建立p_s与C_u之间的关系，以求得C_u值，其相关式如表3-4所示。

表 3-4 软土 C_u（kPa）与 p_s、q_c（MPa）相关公式

公式	适用范围	公式来源
C_u=30.8p_s+4	0.1 ≤ p_s ≤ 1.5 软黏土	中国交通部第一航务工程局
C_u=50p_s+1.6	p_0 < 0.7	《铁路触探细则》
C_u=71q_c	填海软黏土	同济大学

（五）确定土的变形性质指标

布伊斯曼（Buisman）（1971）曾建议砂土的E_s-q_c关系式为：

$$E_s=1.5q_c \tag{3-2}$$

式中：E_s为固结试验求得的压缩模量（MPa）。

这个关系式是由下列假设推出来的：

①触探头类似压进半无限弹性压缩体的圆锥。

②压缩模量是常数，并且等于固结试验的压缩模量E_s。

③应力分布的布辛尼斯克（Boussinesq）理论是适用的。

④与土的自重应力相比，应力增量很小。

由于土在产生侧向位移之前首先被压缩，在压入高压缩土层中的触探头与上

述假设条件之间存在着相似性，因此，从理论上来考虑，是可以在探头阻力与土的压缩性之间建立相关关系的经验公式的。

（六）估计饱和黏性土的天然重度

利用静力触探比贯入阻力p_s值，结合场地或地区性土质情况（含有机物情况、土质状态）可估计饱和黏性土的天然重度，如表3-5所示。

表 3-5 按比贯入阻力 p_s 只估计饱和黏性土的天然重度 γ

p_s（MPa）	0.1	0.3	0.5	0.8	1.0	1.6
γ（kN/m^3）	14.1～15.5	15.6～17.2	16.4～18.0	17.2～18.9	17.5～19.3	18.2～20.0
p_s（MPa）	2.0	2.5	3.0	4.0	≥4.5	—
γ（kN/m^3）	18.7～20.5	19.2～21.0	19.5～20.7	20.0～21.4	20.3～22.2	—

（七）确定砂土的内摩擦角

砂土的内摩擦角可根据静力触探参数参照表3-6取值。

表 3-6 按比贯入阻力 p_s 确定砂土的内摩擦角度 φ

p_s（MPa）	1	2	3	4	6	11	15	30
φ（°）	29	31	32	33	34	36	37	39

（八）估算单桩承载力

静力触探试验可以看作是一小直径桩的现场载荷试验。对比结果表明，用静力触探成果估算单桩极限承载力是行之有效的。通常是采用双桥探头实测曲线进行估算。现将采用双桥探头实测曲线估算单桩承载力的经验式介绍如下。

按双桥探头$\bar{q}_c$、f；估算单桩竖向承载力计算式如下：

$$p_u=a\bar{q}_c A+U_p\sum\beta_i f_{si} l_i \tag{3-3}$$

式中：p_u为单桩竖向极限承载力（kN）；

a为桩尖阻力修正系数，对黏性土取2/3，对饱和砂土取1/2；

$\bar{q}_c$为桩端上、下探头阻力，取桩端平面以上4d（d为桩的直径或边长）范围内按土量深度的加权平均值，然后再和桩端平面以下1d范围的$\bar{q}_c$值平均（kPa）；

A为桩的截面积（m^2）；

U_p为桩身周长（m）；

l_i 为第 i 层土的厚度（m）；

f_{si} 为第 i 层土的探头侧壁摩阻力（kPa）；

β_i 为第 i 层土桩身侧摩阻力修正系数。

第 i 层土桩身侧摩阻力修正系数按下式计算：

对于黏性土的公式为：

$$\beta_i=10.05 f_{si}^{-0.55} \quad (3\text{-}4)$$

对于砂土的公式为：

$$\beta_i=5.05 f_{si}^{-0.45} \quad (3\text{-}5)$$

确定桩的承载力时，安全系数取2～2.5，以端承载力为主时取2，以摩阻力为主时取2.5。

第二节　静力荷载试验

一、试验原理与试验目的

（一）试验原理

根据每级荷载下测得的荷载板的稳定沉降量即可得到所谓荷载—沉降关系曲线（即 p—s 曲线），典型的 p—s 曲线，按其所反映土体的应力状态，一般可划分为三个阶段，如图3-1所示。

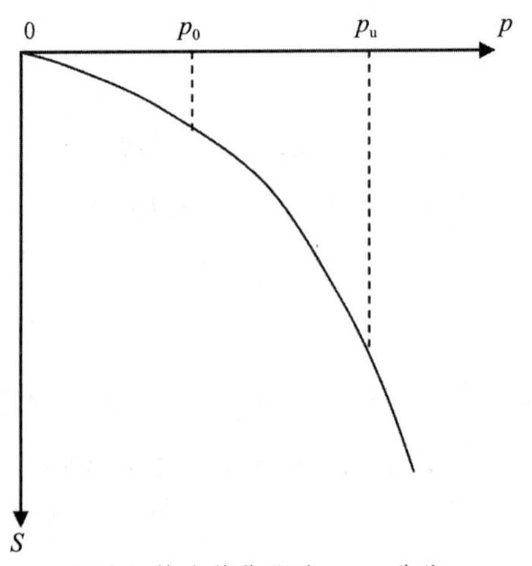

图 3-1　静力荷载试验 p—s 曲线

第一阶段：为近似的直线段，从 p—s 曲线原点开始到直线段的终点为止。

在这个阶段内，土体中任意点的变形均为弹性变形，因此该阶段又称为弹性变形阶段。但是到本阶段的终点，荷载板边缘的部分土体已处于极限状态，即只要荷载再继续增加，这些点将率先进入塑性状态，p—s 曲线也将不再是直线。因此本阶段终点对应的荷载称为比例界限荷载 p_0（亦称临塑压力）。

第二阶段：从临塑压力 p_0到极限压力 p_u 之间。这一阶段的开始部分，承压板边缘已有局部土体的剪应力达到或超过其抗剪强度而进入塑性状态（产生塑性变形区），随压力进一步增加，塑性区逐渐向周围土体扩展，一直到该阶段的终点（对应极限压力 p_0的位置），塑性区将初步连接成一个整体。在这一阶段 p—s 曲线由最初的近似直线关系转变为曲线关系，且曲线斜率随压力 p 的增加而增大。由于这一阶段，荷载板沉降是由土体的弹性变形和塑性变形共同引起的，所以该阶段又称为弹塑性变形阶段。

第三阶段：从临塑压力 p_u 以后，沉降急剧增加。这一阶段的显著特点是，即使不再增加荷载，承压板的沉降量也会不断增加。此时由于土体中已形成连续的滑动面，土从承压板下挤出，在承压板周围土体发生隆起及环状或放射状裂隙，故称之为破坏阶段。该阶段在滑动土体范围内各点的剪应力均达到或超过土体抗剪强度。荷载板的沉降主要是由于土体的塑性变形引起的，因此这一阶段又称为塑性变形阶段。

因此，当荷载板的压力≤ p_0时，地基土的变形可以认为是线弹性的，如果在荷载板的荷载影响深度范围内土层为均匀各向同性介质，则这一阶段内的荷载—沉降关系应当满足相关的弹性力学公式。进而可以根据实测 p—s 曲线的直线段斜率推得土的变形模量。

（二）试验目的

静力荷载试验的目的有四个：一是为了确定地基土的承载力，包括地基的临塑荷载和极限荷载；二是推算试验荷载影响深度范围内地基土的平均变形模量；三是估算地基土的不排水抗剪强度；四是确定地基土基床反力系数。

二、试验设备

静力荷载试验的设备主要由四个部分组成：承压板、加荷系统、反力系统和观测系统。

（一）承压板

承压板的用途是将所加的荷载均匀传递到地基土中。承压板多采用钢板制成，也有采用钢筋混凝土或铸铁板制成。承压板的形状一般以方形和圆形为主，也可根据需要采用矩形或条形。承压板的尺寸大小对评定地基承载力有一定影响，为了使试验结果具有可比性，现行《岩土工程勘察规范》GB 50021—2001（2009年版）规定，对于浅层平板静力荷载试验，承压板的面积不应小于0.25 m^2，对于软土和粒径较大的填土不应小于0.50 m^2，岩石静力荷载试验的承压板面积不应小于0.07 m^2。实用中一般采用500 mm×500 mm及707 mm×707 mm的正方形尺寸居多。

（二）加荷系统

加荷系统的功能是借助反力系统向承压板施加所需的荷载。最常见的加荷系统由油压千斤顶构成，施加的荷载通过与油压千斤顶相连的油泵上的油压表来测读和控制。

（三）反力系统

反力系统的功能是提供加载所需的反力。最常见的反力系统有两种，一是采用地锚反力梁（桁架）构成，加荷系统的千斤顶顶升反力梁，地锚产生抗拔反力，以达到对承压板加载的目的；二是采用堆重平台构成，由平台上重物的重力提供加载所需反力。

（四）观测系统

观测系统一般分为两部分，一是压力观测系统，由于千斤顶的油泵所配压力表可以指示所加的压力，因此一般不需要再专门设立压力观测系统，而仅需利用油泵压力表的读数进行换算即可得到所加的荷载大小；二是沉降观测系统，一般用脚手钢管构成观测支架，再在支架上安装观测仪表即可构成沉降观测系统。观测仪表有百分表和位移传感器两种。

三、试验的技术要求

静力荷载试验的试验点应布置在场地中有代表性的位置，每个场地的试验点数不宜少于3个，当场地地质条件比较复杂，岩土体分布不均时，应适当增加试验点数。浅层平板静力荷载试验的承压板的底部标高应与基础底部的设计标高相同。

为了排除承压板周围土层重量导致的超载效应，浅层静力平板荷载试验的试坑宽度或直径不应小于承压板宽度或直径的3倍；而深层平板静力荷载试验要求所采用的试井截面应为圆形，其直径应等于承压板的直径，当试井直径大于承压板的直径时，紧靠承压板周围土层的高度不应小于承压板的直径，以保持半无限体内部受力的状态。

应避免试坑或试井底部的岩土受到扰动而破坏其原有的结构和湿度，并在承压板下铺设不超过20 mm厚度的中粗砂垫层找平，并尽量缩短试坑开挖到开始试验的间隔时间。

静力荷载试验宜采用圆形刚性承压板，以尽量满足或接近轴对称弹性理论解的前提条件。承压板的尺寸应根据土层的软硬条件或岩体的裂隙发育程度来选用。土的浅层平板静力荷载试验承压板面积不应小于0.25 m^2；对软土和粒径较大的填土，为防止其加荷过程中发生倾斜，承压板的面积应大于或等于0.5 m^2；对岩石的静力荷载试验，承压板的面积不宜小于0.07 m^2。

静力荷载试验加载方式应采用分级维持荷载沉降相对稳定法（常规慢速法）；当有地区经验时，可采用分级加载沉降非稳定法（快速法）或等沉降速率法；加荷等级宜取10～12级，并应不少于8级，荷载量测精度不应低于最大荷载的±1%。

沉降板的沉降可采用百分表或电测位移计测量，其精度不应低于 ±0.01 mm。

对慢速法，当试验对象为土体时，每级加载后，间隔5 min、5 min、10 min、10 min、15 min、15 min 测读一次沉降，以后每隔30 min 测读一次沉降，当连续两次出现每小时沉降小于或等于0.1 mm时，可以认为沉降已达到稳定标准，可以施加下一级荷载；当试验对象为岩体时，每级加载后，间隔1 min、2 min、2 min、5 min 测读一次沉降，以后每隔10 min 测读一次沉降，当连续三次出现读数差值小于或等于0.01 mm时，可以认为沉降已达到稳定标准，可以施加下一级荷载：

当出现下列情况之一时，可终止试验：

①承压板周围的土出现明显侧向挤出，周边岩土出现明显隆起或径向裂缝持续发展。

②本级荷载的沉降量大于前一级荷载下沉降量的5倍，荷载—沉降曲线出现明显陡降。

③某级荷载下24 h 沉降速率不能达到相对稳定标准。

④总沉降量与承压板的直径或宽度之比超过0.06。

四、试验成果及应用

静力荷载试验的主要成果可以用荷载 - 沉降关系曲线及各级荷载下的沉降 - 对数时间关系曲线（s—lg$t$ 曲线）来表示。它们可以用于如下几个方面：

（一）确定地基土的承载力

利用静力荷载试验确定地基土的承载力，应根据p—s 曲线的拐点，必要时

要结合 s—lg$t$ 曲线的特征综合确定，具体方法有下列几种：

1. 拐点法

当 p—s 曲线具有较明显的直线段，一般即取直线段结束位置（即拐点处）对应的荷载（比例界限荷载）作为地基土的容许承载力。该方法主要适合于硬塑坚硬的黏性土、粉土、砂土、碎石土等地基土层，对于饱和软黏土地基，p—s 曲线多呈缓变形，其拐点往往不太明显，此时可用 lg$p$—lg$s$ 曲线或用 p—$\Delta s/\Delta p$ 岩曲线寻找拐点。特别是在双对数坐标上，lg$p$—lg$s$ 曲线的开始段线性关系很好，拐点很容易确定。

2. 相对沉降法

当采用上述方法无法确定拐点时，可以采用相对沉降量来确定地基土的容许承载力。我国《建筑地基基础设计规范》GB 50007—2011规定，当承压板面积为0.25～0.5 m^2时，对于低压缩性土和砂性土，在 p—s 曲线上取 s/b=0.01～0.015所对应的荷载作为地基土承载力的容许值，对于中、高压缩性的土，取 s/b=0.02所对应的荷载作为地基土容许承载力。

3. 极限荷载法

当 p—s 曲线存在明显的比例界现荷载 p_0，且极限荷载 p_u 容易确定并与比例界限荷载相差很小时（两者比值小于1.5），将 p_u 除以安全系数 K（一般取2）作为地基土的容许承载力；当两者相差较大时，可按下式计算地基土承载力基本值：

$$f_0=p_0+(p_u-p_0)/F_s \tag{3-6}$$

式中：f_0为地基承载力基本值；

F_s 为经验系数，一般取2～3。

地基极限承载力可用如下方法确定：

①当静力载荷试验的 p—s 曲线已加载到破坏阶段，如出现明显的陡降段（某一级荷载下的沉降为前一级荷载下沉降量的5倍），则取破坏荷载的前一级荷载作为极限荷载。

②采用 p—s 曲线、lg$p$—lg$s$ 曲线或 p—$\Delta s/\Delta p$ 曲线的第二拐点所对应的荷载作为极限荷载。

③当静力荷载试验没有做到破坏阶段时，则可用外插作图法确定其极限荷载。

（二）确定地基土的变形模量

地基土的变形模量应根据p—s 曲线的初始直线段斜率进行计算得到，其理论基础是均质各向同性半无限弹性介质的弹性力学公式。

①浅层静力平板荷载试验的变形模量E_0（MPa）计算公式为：

圆形承压板：

$$E_0=(1-\mu^2)\ \pi\ d/4\cdot p/s \tag{3-7}$$

方形承压板：

$$E_0=(1-\mu^2)\cdot b\cdot p/s\cdot 0.886 \tag{3-8}$$

式中：d 为圆形承压板的直径（m）；

b 为方形承压板的宽度（m）；

p 为p—s 曲线的初始直线段内，某点处的荷载（ kPa）；

s 为与 p 对应的沉降量（ mm）；

μ 为地基土的泊松比，可按表3-7选取。

表 3-7 常见土类泊松比 μ 的经验值

土类别	μ
碎石类土	0.27
砂类土	0.30
粉土	0.35
粉质黏土	0.38
黏土	0.42

②深层平板载荷试验的变形模量E_0（MPa）计算公式为：

$$E_0=\omega\cdot d\cdot p/s \tag{3-9}$$

式中：ω 为与试验深度和土类别有关的系数，可按表3-8选用；其他变量的含义同前。

表 3-8 深层载荷试验计算系数 ω

土类 / d/z	碎石类土	砂土	粉土	粉质黏土	黏土
0.30	0.477	0.489	0.491	0.515	0.524
0.25	0.469	0.480	0.482	0.506	0.514

续表

土类 / d/z	碎石类土	砂土	粉土	粉质黏土	黏土
0.20	0.460	0.471	0.474	0.497	0.505
0.15	0.444	0.454	0.457	0.479	0.487
0.10	0.435	0.446	0.448	0.470	0.478
0.05	0.427	0.437	0.439	0.461	0.468
0.01	0.418	0.429	0.431	0.452	0.459

注：d/z 为承压板的直径与承压板底面深度之比。

（三）估算地基土的基床反力系数

基准基床系数可根据承压板边长为30 cm 的平板载荷试验的 $p—s$ 曲线的初始直线段的荷载与其相应沉降量之比来确定，即

$$K_v=p/s \tag{3-10}$$

（四）估算地基土的不排水抗剪强度 C_u

饱和软黏土的不排水抗剪强度 C_u 用快速法载荷试验的极限压力 p_u 按下式估算：

$$C_u=(P_u-P)/N_c \tag{3-11}$$

式中：p_u 为快速静载荷试验得到的极限压力；

p 为承压板周边外的超载或土的自重压力；

N_c 为承压系数。对于方形或圆形承压板，当周边无超载时，N_c=6.15；当承压板埋深大于或等于四倍板径或边长时，N_c=9.25；当承压板埋深小于四倍板径或边长时，N_c 由内插法确定。

第三节　圆锥动力触探试验

一、试验原理与试验目的

（一）试验原理

圆锥动力触探试验中，一般以打入土中一定距离（贯入度）所需落锤次数（锤击数）来表示探头在土层中贯入的难易程度。同样贯入度条件下，锤击数越多，

表明土层阻力越大，土的力学性质越好；反之，锤击数越少，则表明土层阻力越小，土的力学性质越差。通过锤击数的多少就很容易定性地了解土的力学性质。再结合大量的对比试验，进行统计分析就可以对土体的物理力学性质做出定量化的评估。

（二）试验目的

圆锥动力触探试验的目的主要有两个：

①定性划分不同性质的土层；查明土洞、滑动面和软硬土层分界面；检验评估地基土加固改良效果。

②定量估算地基土层的物理力学参数，如确定砂土孔隙比、相对密度等以及土的变形和强度的有关参数，评定天然地基土的承载力和单桩承载力。

二、试验设备

圆锥动力触探设备较为简单，主要由三部分构成，一是探头部分；二是穿心落锤；三是穿心锤导向的触探杆。

根据设备尺寸、规格及锤击能量的不同，圆锥动力触探又分为三种类型，具体见表3-9。

表 3-9 圆锥动力触探类型及设备规格

类型		轻型	重型	超重型
落锤	质量（kg）	10	63.5	120
	落距（cm）	50	76	100
圆锥	锥角（°）	60		
探头	直径 d（mm）	40	74	74
探杆直径（mm）		25	42	50～60
触探指标		贯入 30 cm 的锤击数 N_{10}	贯入 10 cm 的锤击数 $N_{63.5}$	贯入 10 cm 的锤击数 N_{120}
能量指数（J/cm^2）		39.7	115.2	279.1
主要适用土类		浅部的填土、砂土、粉土、黏性土	砂土、中密以下碎石土、极软岩石	密实和很密实的碎石土、极软岩石、软岩石

备注：能量指数是指落锤能量与圆锥探头截面积之比。

三、圆锥动力触探试验的技术要求

①应采用自动落锤装置以保持平稳下落。

②触探杆最大偏斜度不应超过2%，锤击贯入应保持连续进行；同时应防止锤击偏心、探杆倾斜和侧向晃动，保持探杆垂直度；锤击速率宜为每分钟15～30击；在砂土或碎石土中锤击速率可采用每分钟60击。锤击贯入应连续进行，不能间断，因为间隙时间过长，可能会使土（特别是黏性土）的摩阻力增大，影响测试结果的准确性。

③每贯入1 m，宜将探杆转动一圈半；当贯入深度超过10 m时，每贯入20 cm宜转动探杆一次。

④对轻型动力触探，当$N_{10}>100$或贯入15 cm锤击数超过50时，可停止试验；对重型动力触探，当连续三次$N_{63.5}>50$时，可停止试验或改用超重型动力触探。

⑤为了减少探杆与孔壁的接触，探杆直径应小于探头直径。在砂土中探头直径与探杆直径之比应大于1.3，在黏性土中这一比例可适当小些。

⑥由于地下水位对锤击数与土的物理性质（砂土孔隙比等）有影响，因此应当记录地下水位埋深。

四、试验成果及应用

圆锥动力触探试验的主要成果有锤击数及锤击数随深度的变化曲线，下面介绍其应用：

（一）按力学性质划分土层

根据圆锥动力触探试验结果划分土层时。首先应绘制单孔触探锤击数N与深度H的关系曲线，再结合地质资料对土层进行分层。

一般情况下，划分土层是以某层动力触探锤击数的平均值来考虑的，如果某土层各孔锤击数离散性较大，则不宜采用单孔资料评定土层的性质，应采用多孔资料或与钻探及其他原位测试资料进行综合分析。由于锤击数不仅与探头位置土层性质有关，它还与探头位置以下一定深度范围内的土层性质有关，因此在分析触探曲线时，应考虑到曲线上的超前或滞后现象。具体而言当下卧层的密度较小或力学性质较差时，锤击数值提前减小，而当下卧层的力学性质相对较好时，锤击数值提前增大。

（二）确定砂土、圆砾、卵石的孔隙比

根据重型动力触探的试验结果可确定砂土、圆砾、卵石的孔隙比如表3-10所示，但是值得注意的是，表中所列的锤击数是经过校正以后的锤击数，其计算公式如下：

$$N'_{63.5}=\alpha \cdot N_{63.5} \tag{3-12}$$

式中：$N_{63.5}$为实测的重型触探锤击数；

$N'_{63.5}$为校正后的锤击数；

α 为触探杆长度校正系数，可按表3-11确定。

表 3-10 根据重型动力触探结果确定砂土、圆砾、卵石的孔隙比

土的种类			中砂	粗砂	砾砂	圆砾	卵石
校正后的触探击数 $N'_{63.5}$	3	天然孔隙比 e	1.14	1.05	0.90	0.73	0.66
	4		0.97	0.90	0.75	0.62	0.56
	5		0.88	0.80	0.65	0.55	0.50
	6		0.81	0.73	0.58	0.50	0.45
	7		0.76	0.68	0.53	0.46	0.41
	8		0.73	0.64	0.50	0.43	0.39
	9		—	0.62	0.47	0.41	0.36
	10		—	—	0.45	0.39	0.35
	12		—	—	—	0.36	0.32
	15		—	—	—	—	0.29
适用范围	含水量（%）		6～11	5～13	5～13	4～10	5～12
	颗粒粒径（mm）	＞100	—	—	—	0	0
		＞40	—	—	—	＜20%	＜35%
		＜0.1	＜5%	＜6%	5%	10%	10%
		＜0.05	＜1%	＜1%	＜1%	＜5%	＜5%
	不均匀系数 $C_u=d_{60}/d_{10}$		＜5	＜6	＜15	＜100	＜120

注：如在地下水位以下，则应采用经过地下水位校正后的锤击数 $N''_{63.5}$。

表 3-11 重型动力触探试验触探杆长度校正系数 a

a \ l（m）		≤2	4	6	8	10	12	14	16
实测锤击数 N63.5	1	1.00	0.98	0.96	0.93	0.90	0.87	0.84	0.81
	0	1.00	0.96	0.93	0.90	0.86	0.83	0.80	0.77
	10	1.00	0.95	0.91	0.87	0.83	0.79	0.76	0.73
	15	1.00	0.94	0.89	0.84	0.80	0.76	0.72	0.69
	20	—	—	—	—	0.77	0.73	0.69	0.66

注：l 为触探杆长度；a 为自动落锤方式测得。

对地下水位以下的中、粗、砾砂、圆砾、卵石，上述锤击数还要经过进一步校正，其计算公式如下：

$$N''_{63.5}=1.1N'_{63.5}+1.0 \tag{3-13}$$

式中：$N'_{63.5}$为经过探杆长度校正，但未经过地下水位校正的锤击数；$N''_{63.5}$为经过地下水位校正后的锤击数。

（三）确定地基土的承载力

中华人民共和国国家标准《建筑地基基础设计规范》GB 50007—2011规定，可用轻型圆锥动力触探（轻便触探）的结果 N_{10}来确定黏性土地基及由黏性土和粉土组成的素填土地基的承载力标准值，见表3-12。

表 3-12 轻型动力触探试验击数 N_{10} 与地基承载力标准值 f_k（kPa）对照表

土类型	黏性土				素填土			
触探击数 N_{10}	15	20	25	30	10	20	30	40
f_k（kPa）	105	145	190	230	85	115	135	160

需要补充说明的是，上述 N_{10}是经过修正后的锤击数值，其修正计算公式如下：

$$N_{10}=(\overline{N_{10}})-1.645\sigma \tag{3-14}$$

式中：$\overline{N_{10}}$为同一土层轻便触探的锤击数现场多次读数的平均值；N_{10}为修正以后的锤击数；σ 为锤击数现场多次读数的标准差，按式（3-15）计算。

$$\sigma=\sqrt{\frac{\sum_{i=1}^{n}[(N_{10})_i^2]-n\cdot(\overline{N_{10}^2})}{n-1}} \tag{3-15}$$

式中：$(N_{10})_i$ 为参与统计的第 i（i=1，2．3……，n）个锤击数现场读数值。

第四节　标准贯入试验

一、试验原理与试验目的

（一）试验原理

与圆锥动力触探试验类似，标准贯入试验中，也是采用标准贯入器打入土中一定距离（30 cm）所需落锤次数（标贯击数）来表示土阻力大小的，并根据大量的对比试验资料分析进一步得到土的物理力学性质指标的。

（二）试验目的

标准贯入试验的目的主要有如下几方面：

①采取扰动土样，鉴别和描述土类，按照颗分试验结果给土层定名。

②判别饱和砂土、粉土的液化可能性。

③定量估算地基土层的物理力学参数，如判定黏性土的稠度状态、砂土相对密度及土的变形和强度的有关参数，评定天然地基土的承载力和单桩承载力。

二、试验设备

标准贯入试验设备也主要由三部分构成，一是贯入器部分；二是穿心落锤；三为穿心锤导向的触探杆。标准贯入试验设备的规格见表3-13。

表 3-13 标准贯入试验设备规格及适用土类

<table>
<tr><td colspan="2" rowspan="3">落锤</td><td>质量（kg）</td><td>63.5</td></tr>
<tr><td>落距（cm）</td><td>76</td></tr>
<tr><td>直径（mm）</td><td>74</td></tr>
<tr><td rowspan="6">贯入器</td><td rowspan="3">对开管</td><td>长度（mm）</td><td>> 500</td></tr>
<tr><td>外径（mm）</td><td>51</td></tr>
<tr><td>内径（mm）</td><td>35</td></tr>
<tr><td rowspan="3">管靴</td><td>长度（mm）</td><td>50 ～ 76</td></tr>
<tr><td>刃口角度（°）</td><td>18 ～ 20</td></tr>
<tr><td>刃口单刃厚度（mm）</td><td>1.6</td></tr>
</table>

续表

探杆（钻杆）	直径（mm）	42
	相对弯曲	＜1‰
贯入指标		贯入 30 cm 的锤击数 $N_{63.5}$
主要适用土类		砂土、粉土、一般黏性土

三、试验的技术要求

标准贯入试验应采用回转钻进，钻进过程中要保持孔中水位略高于地下水位，以防止孔底涌土，加剧孔底以下土层的扰动。当孔壁不稳定时，可采用泥浆或套管护壁，钻至试验标高以上15 cm 时应停止钻进，清除孔底残土后再进行贯入试验。

应采用自动脱钩的自由落锤装置并保证落锤平稳下落，减小导向杆与锤间的摩阻力，避免锤击偏心和侧向晃动，保持贯入器、探杆、导向杆连接后的垂直度。锤击速率应小于每分钟30击。

探杆最大相对弯曲度应小于1‰。

正式试验前，应预先将贯入器打入土中15 cm，然后开始记录每打入10 cm 的锤击数，累计打入30 cm 的锤击数为标准贯入试验锤击数 N。当锤击数已达到50击，而贯入深度未达到30 cm 时，可记录50击的实际贯入度，并按下式换算成相当于30 cm 贯入度的标准贯入试验锤击数 N，并终止试验：

$$N=30\times 50/\Delta S \tag{3-16}$$

式中：ΔS 为50击时的实际贯入深度（cm）。

标准贯入试验可在钻孔全深度范围内等间距进行，也可仅在砂土、粉土等需要试验的土层中等间距进行，间距一般为1.0～1.2 m。

由于标准贯入试验锤击数 N 值的离散性往往较大，故在利用其解决工程问题时应持慎重态度，仅仅依据单孔标准贯入试验资料提供设计参数是不可信的，如要提供定量的设计参数，应有当地经验，否则只能提供定性的结果，供初步评定用。

四、试验成果及应用

标准贯入试验的成果就是试验点土层的标贯击数。对于标贯击数首先要说明一点的是，实测的标贯击数是否要进行探杆长度修正的问题，对于这一问题有两种截然不同的观点。一种观点认为探杆长度对标贯试验有显著影响，因此必须要进行杆长的修正，如我国的《建筑地基基础设计规范》GB 50007—2011及日本的有关规范都规定要对实测的标贯击数进行杆长修正。而我国的《岩土工程勘察规范》GB 50021—2001（2009年版）、《建筑抗震设计规范》GB 50011—2010（2016版）及一些欧美国家的规范均明确规定不必进行杆长修正。针对这一问题，同济大学等单位专门进行了试验研究。结果表明，当杆长小于10 m时，传递到贯入器的有效能量随杆长增加而略有增加；当杆长超过15 m时，实测到的有效能量趋于稳定；当杆长由15 m增加到100 m时，能量仅减少5.4%，能量在探杆中传播时的衰减率约为0.064% /m。由此可见，由探杆长度引起的能量衰减是有限的，远小于其他因素对标贯试验结果（即标贯击数）的影响，因此本书采纳上述第二种观点，即标贯击数不需进行杆长修正。下面主要介绍标贯击数在工程中的应用。

（一）评定黏性土的稠度状态和无侧限抗压强度

在国外，太沙基（Terzaghi）和佩克（Peck）提出用标贯击数评定黏性土的稠度状态和无侧限抗压强度，具体关系见表3-14。

表 3-14 黏性土的稠度状态和无侧限抗压强度与标贯击数的关系

标贯击数N	＜2	2～4	4～8	8～15	15～30	＞30
稠度状态	极软	软	中等	硬	很硬	坚硬
无侧限抗压强度 q_u（kPa）	＜25	25～50	50～100	100～200	200～400	＞400

在国内，原冶金部武汉勘察公司提出标贯击数与黏性土的稠度状态存在表3-15所列关系。

表 3-15 黏性土的稠度状态与标贯击数的关系

标贯击数N	＜2	2～4	4～7	7～18	18～35	＞35
稠度状态	流动	软塑	软可塑	硬可塑	硬塑	坚硬
液性指数I_L	＞1	1～0.75	0.75～0.5	0.5～0.25	0.25～0	＜0

（二）评定砂土的抗剪强度指标 φ

梅耶霍夫（Meyerhof）和佩克（Peck）提出用表3-16确定砂土内摩擦角，均质砂取高值，不均值砂取低值。粉砂按表得到的 φ 值减少5°，砂和砾石混合土按表得到的 φ 值增加5°。

表 3-16 砂土的内摩擦角与标贯击数的关系

内摩擦角（°）＼标贯击数 N		< 4	4 ~ 10	10 ~ 30	30 ~ 50	> 50
来源	Meyerhof	< 28.5	28.5 ~ 30	30 ~ 36	36 ~ 41	> 41
	Peck	< 30	30 ~ 35	35 ~ 40	40 ~ 45	> 45

佩克还提出了砂土内摩擦角 φ 与标贯击数 N 的关系式如下：

$$\varphi=0.3N+27 \tag{3-17}$$

（三）评定黏性土的不排水抗剪强度 C_u

太沙基（Terzaghi）和佩克提出用标贯击数评定黏性土不排水抗剪强度 C_u(kPa)的经验关系式如下：

$$C_u=(6 \sim 6.5)N \tag{3-18}$$

（四）评定地基土的承载力

我国《建筑地基基础设计规范》GB 50007—2011规定，用标贯击数 N 值确定砂土和黏性土的承载力标准值时，可按表3-17和表3-18进行。

表 3-17 砂土承载力标准值 f_k（kPa）与标贯击数的关系

f_k（kPa）＼标贯击数 N		10	15	30	50
土类	中、粗砂	180	250	340	500
	粉、细砂	140	180	250	340

表 3-18 黏性土承载力标准值 f_k（kPa）与标贯击数的关系

标贯击数 N	3	5	7	9	11	13	15	17	19	21	23
f_k（kPa）	105	145	190	235	280	325	370	430	515	600	680

注：表中标贯击数 N 为人工松绳落锤所得，$N_{(人工)}=0.74+1.12N_{(自动)}$。

Terzaghi 提出用标贯击数确定地基土承载力标准值 f_k（kPa）的经验关系式如下（取安全系数为3）：

对条形基础：

$$f_k=12N \tag{3-19}$$

对独立方形基础：

$$f_k=15N \tag{3-20}$$

（五）饱和砂土、粉土的液化

标准贯入试验是判别饱和砂土、粉土液化的重要手段，我国《建筑抗震设计规范》GB 50011—2010规定，当初步判别认为需进一步进行液化判别时，应采用标准贯入试验判别法。对地面以下18 m 深度范围内的液化土，除非有成熟经验可采用其他方法判别外，均应符合下式要求：

$$N < N_{cr} \tag{3-21}$$

$$N_{cr}=N_0[0.9+0.1d_s-d_w]\cdot\left(\sqrt{\frac{3}{\rho_c}}\right) \tag{3-22}$$

式中：N 为待判别饱和土的实测标贯击数；

N_{cr} 为判别是否液化的标贯击数临界值；

N_0判别是否液化的标贯击数基准值，按表3-19取用；

d_s 为标准贯入试验点深度（m）；

d_w 为地下水位深度（m），按建筑使用期内年平均最高水位采用，也可按近期内年最高水位采用；

ρ_c 为黏粒含量百分率，当小于3或为砂土时均取3。

表 3-19　标贯击数基准值 N_0

基准值 N_0 \ 地震烈度		7	8	9
近、远震	近震	6	10	16
	远震	8	12	—

经上述判别为液化土层明地基，应进一步探明各液化土层的深度和厚度，并按下式计算液化指数：

$$I_{lE}=\sum_{i=1}^{n}\left(1-\frac{N_i}{N_{cri}}\right)d_i\omega i \tag{3-23}$$

式中：L_{lE} 为液化指数；

n 为15 m 深度内某个钻孔标准贯入试验点总数；

N_i、N_{cri} 分别为第 i 试验点标贯锤击数的实测值和临界值，当实测值大于临界值时，应取临界值的数值；

d_i 为第 i 试验点所代表的土层厚度，可采用与该标准贯入试验点相邻的上、下两标贯试验点深度差值的一半，但上界不小于地下水位深度，下界不大于液化深度；

$\omega_i i$ 试验点所在土层的层厚影响权函数（单位 m^{-1}），当该土层中点深度不大于5 m 时应取10，等于15 m 时取0，大于5 m 而小于15 m 时，应采用内插法确定。

根据式（3-23）的计算结果，再按表3-20判别液化等级。

表 3-20 液化等纽判别表

液化指数 I_{lE}	$0 < I_{lE} \leqslant 5$	$5 < I_{lE} \leqslant 15$	$I_{lE} > 15$
液化等级	轻微	中等	严重

第五节　现场直接剪切试验

现场直接剪切试验就是直接对试样进行剪切的试验，是测定抗剪强度的一种常用方法。通常采用4个试样，分别在不同的垂直压力施加水平剪力，测试样破坏时的剪应力，然后根据库仑定律确定土的抗剪强度参数 φ 与 C。

一、试验方法

现场直接剪切试验一般可分为慢剪试验、固结快剪试验和快剪试验3种试验方法。

1. 慢剪试验

慢剪试验是先使土样在某一级垂直压力作用下，固结至排水变形稳定（变形稳定标准为每小时变形不大于0.005 mm），再以小于0.02 mm/ min 的剪切速量缓慢施加水平剪应力，在施加剪应力的过程中，使土样内始终不产生孔隙水压力。用几个土样在不同垂直压力下进行剪切，将得到有效应力抗剪强度参数 C_s 和 φ_s 值，但历时较长，剪切破坏时间可按式（3-24）估算：

$$t_f = 50t_{50} \tag{3-24}$$

式中：t_f 为达到破坏所经历的时间；

t_{50}为固结度达到50%的时间。

2. 固结快剪试验

固结快剪试验是先使土样在某一级垂直压力作用下，固结至排水变形稳定，再以0.8 mm/ min 的剪切速率施加剪力，直至剪坏，一般在3～5 min 内完成，适用于渗透系数小于10^{-6} cm/s 的细粒土。由于时间短促，剪力所产生的超静水压力不会转化为粒间的有效应力。用几个土样在不同垂直压力下进行慢剪，便能求得抗剪强度参数 φ_{cq} 与 C_{cq} 值，这种 φ_{cq}、C_{cq} 值称为总应力法抗剪强度参数。

3. 快剪试验

快剪试验是采用原状土样尽量接近现场情况，以0.8 mm/ min 的剪切速率施加剪力，直至剪坏，一般在3～5 min 内完成，适用于渗透系数小于10^{-6}cm/s 的细粒土。这种方法将使粒间有效应力维持原状，不受试验外力的影响，但由于这种粒间有效应力的数值无法求得，所以试验结果只能求得 ($\sigma\tan\varphi_q+C_q$) 的混合值。快速法适用于测定黏性土天然强度，但 φ_q 角将会偏大。

二、试验设备

1. 直接剪切仪

采用应变控制式直接剪切仪，由剪切盒、垂直加压设备、剪切传动装置、测力计以及位移量测系统等组成。加压设备可采用杠杆传动，也可采用气压施加。

2. 测力计

采用应变圈，量表为百分表或位移传感器。

3. 环刀

内径6.18 cm，高2.0 cm。

4. 其他

切土刀、钢丝锯、滤纸、毛玻璃板、圆玻璃片以及润滑油等。

三、试验步骤

①对准剪切盒的上、下盒，拧紧固定销钉，在下盒内放洁净透水石1块及湿润滤纸1张。

②将盛有试样的环刀，平口向下、刀口向上，对准剪切盒的上盒，在试样面放湿润滤纸1张及透水石1块，然后将试样通过透水石徐徐压入剪切盒底，移去环刀，并顺次加上传压活塞及加压框架。

③取不少于4个试样，并分别施加不同的垂直压力，其压力大小根据工程实际和土的软硬程度而定，一般可按50 kPa、100 kPa、250 kPa、200 kPa、300 kPa、400 kPa、600 kPa，……施加，加荷时应轻轻加上，但必须注意，如土质松软，为防止试样被挤出，应分级施加。

④若试样是饱和土试样，则在施加垂直压力5 min 后，向剪切盒内注满水；

若试样是非饱和土试样，则不必注水，但应在加压板周围包以湿棉纱，以防止水分蒸发。

⑤当在试样上施加垂直压力后，若每小时垂直变形不大于0.005 mm，则认为试样已达到重结稳定。

⑥试样达到固结稳定后，安装测力计，徐徐转动手轮，使上盒前端的钢珠恰与测力计接触，记录测力计的读数。

⑦松开外面4只螺杆，拔去里面固定销钉，然后开动电动机，使应变圈受压，观察测力计的读数，它将随下盒位移的增大而增大，当测力计读数不再增加或开始倒退时，即出现峰值，认为试样已破坏，记下破坏值，并继续剪切至位移为4 mm，停机；当剪切过程中测力计读数无峰值对，应剪切至剪切位移为6 mm 时，停机。

⑧剪切结束后，卸除剪切力和垂直压力，取出试样，并测定试样的含水量。

四、技术要求

1. 现场直接剪切试验方法的适用性

快剪试验、固结快剪试验一般用于渗透参数小于10^{-6} cm/s 的黏性土，而慢剪试验则对渗透系数无要求。对于砂性土一般用固结快剪的方法进行。

2. 试验方法的选择

每种试验方法适用于一定排水条件下的土体和施工情况。快剪试验用于在土体上施加荷载和剪切过程中都不发生固结及排水作用的情况。如土体有一定湿度，施工中逐步压实固结，就可以用固结快剪试验方法。如在施工期和工程使用期有充分时间允许排水固结，则用慢剪试验方法。总之，应根据工程实际情况选择恰当的试验方法。

3. 加荷方法和固结标准

对于正常固结土，一般在荷载100～400 kPa 的作用下，可以认为符合库仑公式。如果在试验时，已可以确定现场预期的最大压力，则4个试验的垂直压力为：第一个是预期的最大压力；第二个为比预期压力大的压力；第三、第四个则小于预期的最大压力，而且这4级垂直压力的级差要大致相等。如果在试验时确定不了预期的最大压力，可用100 kPa、200 kPa、300 kPa、400 kPa 四级垂直压力。

固结时间对一般黏性土而言，当垂直测微表读数不超过0.005 mm/h 时，即认为达到压缩稳定。

4. 剪切速率

黏土的抗剪强度一般会随着剪切速率的增加而增加。剪切速率的控制应由试验方法确定。

5. 剪切标准

剪切标准一般有3种情况。一是剪应力与剪切变形的曲线有峰值时，表现在量力环中百分表指针不前进或后退时微剪损。二是无明显峰值时，表现在量力环中百分表指针随着手轮转动仍继续前进，则规定某一剪切位移的剪应力作为破坏值。对64 mm 直径的试样微剪损4～6 mm。三是介于上述二者之间，可测记手轮数与量力环中测微表的相应读数，以便绘出剪应力—剪切变形曲线，据此确定抗剪强度的破坏值。

6. 剪切方法

试验时有手动和电动两种剪切方法。慢剪时，一般采用电动方法。

第六节　十字板剪切试验

十字板剪切试验是将插入软土中的十字板头，以一定的速率旋转，在土层中形成圆柱形的破坏面，测出土的抵抗力矩，从而换算其土的抗剪强度。十字板剪切试验可用于原位测定饱和软黏土（φ_b=0）的不排水抗剪强度和估算软黏土的灵敏度。试验深度一般不超过30 m。

为测定软黏土不排水抗剪强度随深度的变化，十字板剪切试验的布置，对均质土试验点竖向间距可取1 m，对非均质或夹薄层粉细砂的软黏性土，宜先做静力触探，结合土层变化进行试验。

一、试验设备

目前我国使用的十字板有机械式和电测式两种。机械式十字板每做一次剪切试验要清孔，费工费时，工效较低；电测式十字板克服了机械式十字板的缺点，工效高，测试精度较高。

机械式十字板力的传递和计量均依靠机械的能力，需配备钻孔设备，成孔后下放十字板进行试验。

电测式十字板是用传感器将土抗剪破坏时的力矩大小转变成电信号，并用仪器量测出来，常用的有轻便式十字板、静力触探两用十字板，不用钻孔设备。试验时直接将十字板头以静力压入土层中，测试完后，再将十字板压入下一层上继续试验，实现连续贯入，可比机械式十字板测试效率提高5倍以上。

试验仪器主要由下列4个部分组成：

1. 测力装置

开口钢环式测力装置。

2. 十字板头

多采用径高比为1∶2的标准型矩形十字板头。板厚宜为2～3 mm。常用的规格有50 mm×100 mm 和75 mm×150 mm 两种。前者适用于稍硬黏性土。

3. 轴杆

一般使用的轴杆直径为20 mm。

4. 设备

主要有钻机、秒表及百分表等。

二、试验技术要求

1. 试验的一般要求

①钻孔要求平直不弯曲，应配用中 Φ33 mm 和 Φ42 mm 专用十字板试验探杆。

②钻孔要求垂直。

③钢环最大允许力矩为80 kN · m。

④钢环半年率定一次或每项工程进行前率定。率定时应逐级加荷和卸荷，测记相应的钢环变形。至少重复3次，以3次量表读数的平均值（差值不超过0.005 mm）为准。

⑤十字板头形状宜为矩形，径高比1∶2，板厚宜为2～3 mm。

⑥十字板头插入钻孔底的深度不应小于钻孔或套管直径的3～5倍。

⑦十字板头插入至试验深度后，至少应静止2～3 min，方可开始试验。

⑧扭转剪切速率宜采用（1°～2°）/10 s，并应在测得峰值强度后连续测记1 min。

⑨在峰值强度或稳定值测试完后，顺扭转方向连续转动6圈后，测定重塑土的不排水抗剪强度。

⑩对开口钢环十字板剪切仪，应修正轴杆与土间的摩阻力影响。

2. 机械式十字板剪力仪的技术要求

①在试验地点，用回转钻机开孔（不宜用击入法），下套管至预定试验深度

以上3～5倍套管直径处。

②用螺旋钻或提土器清孔，在钻孔内虚土不宜超过15 cm。在软土钻进时，应在孔中保持足够水位，以防止软土在孔底涌起。

③将板头、轴杆、钻杆逐节接好，并用牙钳上紧，然后下入孔内至板头与孔底接触。

④接上导杆，将底座穿过导杆固定在套管上，将制紧螺栓拧紧。将板头徐徐压至试验深度，管钻不小于75 cm，螺旋钻不小于50 cm，若板头压至试验深度遇到较硬夹层时，应穿过夹层再进行试验。

⑤套上传动部件，用转动摇手柄使特制键自由落入键槽，将指针对准任一整刻数，装上百分表并调整到零。

⑥试验开始，开动秒表，同时转动手柄，以1°/10 s 的转速转动，每转1° 测记百分表读数一次，当测记读数出现峰值或读数稳定后，再继续测记1 min，其峰值或稳定读数即为原状土剪切破坏时百分表最大读数 ε_y（0.01 mm）。最大读数一般在3～10 min 内出现。

⑦逆时针方向转动摇手柄，拔下特制键，在导杆上装上摇把，顺时针方向转动6圈，使板头周围土完全扰动，然后插上特制键，按步骤⑥进行试验，测记重塑土剪切破坏时百分表最大读数 ε_c（0.01 mm）。

⑧拔下特制键和支爪，上提导杆2～3 cm，使离合齿脱离，再插上支爪和特制键，转动手柄，测记土对轴杆摩擦时百分表稳定读数 ε_g（0.01 mm）。

⑨试验完毕，卸下传动部件和底座，在导杆吊孔内插入吊钩，逐节取出钻杆和板头，清洗板头并检查板头螺丝是否松动，轴杆是否弯曲，若一切正常，便可按上述步骤继续进行试验。

三、实验数据计算

1. 计算原状土的抗剪强度 C_u

原状土十字板不排水抗剪强度 C_u 值，其计算公式如下：

$$C_u=KC(\varepsilon_y-\varepsilon_g) \tag{3-25}$$

式中：C_u 为原状土的不排水抗剪强度（kPa）；

C 为钢环系数（kN/0.01 mm）；

ε_y 为原状土剪损时量表最大读数（0.01 mm）；

ε_g 为轴杆与土摩擦时量表最大读数（0.01 mm）；

K 为十字板常数（m^{-2}），可用式（3-26）计算。

$$K=\frac{2M}{\pi D^2H(1+\frac{D}{3H})} \quad (3\text{-}26)$$

式中：D 为十字板直径（m）；

H 为十字板高度（m）；

M 为弯矩（nm）。

2. 计算重塑土的抗剪强度 C'_u

重塑土十字板不排水抗剪强度 C'_u 值，其计算公式为：

$$C'_u=KC(\varepsilon_c-\varepsilon_g) \quad (3\text{-}27)$$

式中：C'_u 为重塑土的不排水抗剪强度（kPa）；

ε_c 为重塑土剪损时量表最大读数（0.01 mm）。

3. 计算土的灵敏度

土的灵敏度可用式（3-28）计算：

$$s_n=C_u/C_u \quad (3\text{-}28)$$

式中：s_n 为土的灵敏度。

四、成果应用

十字板剪切试验成果可按地区经验，确定地基承载力、单桩承载力，计算边坡稳定性，判定软黏性土的固结历史。

1. 计算地基承载力

①中国建筑科学院、华东电力设计院提出的计算公式为：

$$f_k=2C_u+\gamma h \quad (3\text{-}29)$$

式中：f_k 为地基承载力（kPa）；

C_u 为修正后的十字板抗剪强度（kPa）；

γ 为土的重度（kN/m^2）；

h 为基础埋置深度（m）。

② Skemptom 公式（适用于 D/B ≤2.5）为：

$$f_u=5C_u(1+0.2\frac{B}{L})(1+0.2\frac{B}{D})+p_0 \quad (3\text{-}30)$$

式中：f_u 为极限承载力（kPa）；

B、L 分别为基础底面宽度、长度（m）；

p_0为基础底面以上的覆土压力（kPa）。

2. 估算单桩极限承载力

单桩极限承载力计算公式如下：

$$Q_{u\max}=N_0C_UA+U\sum_{i=1}^{n}C_{ui}L \tag{3-31}$$

式中：$Q_{u\max}$ 为单桩最终极限承载力（kN）；

N_0为承载力系数，均质土取9；

C_U 为桩端上的不排水抗剪强度（kPa）；

A 为桩的截面积（m^2）；

U 为桩的周长（m）；

L 为桩的入土深度（m）。

3. 分析斜坡稳定性

应用十字板剪切试验资料作为设计依据，按φ=0的圆弧滑动法进行斜坡稳定性分析，一般认为比较符合实际。

稳定系数可采用式（3-32）计算：

$$K=\frac{W_2d_2+C_uLR}{W_1d_1} \tag{3-32}$$

式中：W_1为滑体下滑部分土体所受重力（kN/m）；

W_2为滑体抗滑部分土体所受重力（kN/m）；

d_1为 W_1对于通过滑动圆弧中心铅直线的力臂（m）；

d_2为 W_2对于通过滑动圆弧中心铅直线的力臂（m）；

C_u 为十字板抗剪强度（kPa）；

L 为滑动圆弧全长（m）；

R 为滑动圆弧半径（m）。

第七节　钻孔剪切试验

土的抗剪强度是指土在外力的作用下抵抗剪切滑动的极限强度，它是由颗粒之间的内摩擦角及由胶结物和束缚水膜的分子引力所产生的黏聚力两个参数组成

的。在法向应力变化范围不大时，抗剪强度与法向应力的关系近似成为一条直线。其表达式称为库仑定律，即

$$\tau = C + N\tan\varphi \tag{3-33}$$

式中：τ 为抗剪强度（kPa）；

C 为黏聚力（kPa）；

N 为正应力（kPa）；

φ 为内摩擦角（°）。

土的剪切试验得出的值在公路、铁路、机场、港口、隧道和工业与民用建筑方面得到了广泛的应用，常用到挡土墙、桩板墙、斜坡稳定以及地基基础等各种工程设施的设计中，如土压力计算、斜坡稳定性评价、滑坡推力计算、铁路和公路软土地基的稳定性、地基承载力的计算等。

室内直接剪切试验是将试样置于一定的垂直压应力下，在水平方向连续给试样施加剪应力进行剪切，而得出最大剪应力。依次增加正应力得出对应的剪应力，用线性回归得到库仑定律表达式，其斜率的角度即为摩擦角，其截距即为黏聚力。从现场开挖或钻孔取出的土样，其四周均应力已完全释放，同时在采样、包装、运输过程中，尤其是再制样都会产生不同程度的扰动。对饱和状态的黏土、粉土和砂土等取样往往十分困难，其扰动的影响更大。另外试验时间周期长，不可能从现场立即得到试验数据，而钻孔剪切试验仪可以在现场钻孔中或人工手扶钻机甚至人工手钻钻成的孔中直接进行试验，一般需30～60 min 做完一组试验，经计算即可得到孔中相应部位土的黏聚力（C）和内摩擦角（φ）。该试验方法对土的扰动小，具有原位测试的优点，同时仪器轻便，操作简单，不需电源。

缺点是仪器要以二氧化碳气体或干燥的压缩空气作动力源，不易加气、不易存储、不易携带。但经改善后，已经基本上解决了上述问题。

一、试验方法

在需要勘探的位置上平整出面积至少为0.25 m^{2}的场地。用岩芯管直径60 mm 的钻机或人工钻出点验孔，并达到要求的深度，再用直径76 mm 的修孔器把孔壁尽可能地修整光滑。孔周围地面要水平，在不做垂直孔的试验时要把坡度修整到要求的角度，使拉杆与地面保持垂直。

安装好仪器，把剪切探头放入孔中预定的试验部位，通过控制台上的调压阀给剪切探头加压，使剪切板扩张，紧紧地压在钻孔孔壁上，根据不同的深度和土质，施加需要的正应力。

根据试验要求及不同的含水量确定固结时间，固结完成后，均速摇动手轮，

向上拉剪切探头，记录剪切应力表上的最大值。经仪器和计算换算校正，便得到该正应力下的峰值剪应力。卸除剪切力，依次增大正应力重复上述试验步骤，取得一系列一一对应值，一般做5次剪切。用线性回归给出剪应力—正应力关系曲线，应近似一条直线，其截距是黏聚力，倾角是土的内摩擦角。

钻孔剪切仪可在孔中不同的深度和不同的土质中进行试验，也可在同一深度旋转90° 进行同一部位的第二次试验。

二、技术要求

钻孔剪切试验是在正应力（N）作用下得出岩土剪切面的最大剪应力（S），通过此关系而确定黏聚力（C）和内摩擦角（φ）。正应力是通过剪切探头上的剪切板扩张压在孔壁上的压力，其大小可通过控制台上的压力调节来控制。下面对力的大小的确定进行叙述。

1. 初始正应力

在黏土中，施加的初始压力必须足够大，以便使直线的破坏点位于 Y 轴的正侧，也就是说正应力必须是压应力而绝不能是拉应力。实际上如果正压力太小，剪切板的牙齿不会完全切入土体中，而会使剪切板在土体表层滑动，难以产生剪应力，从而得出一个较小的破坏值，最后影响到数据处理，很可能得不到真实的试验结果。在实际工作中，由于初始正应力施加的不合适，因此尽管剪应力不是负值，但会比较小，并使试验图线成为反“S”曲线，黏聚力 C 值成负值，φ 角过大。没有真正的发生土体剪切，试验是不成功的。

然而在未试验前，人们无法预测到图线的实际状况，试验所施加的初始正应力建议最小以估计无侧限抗压强度的一半为原则。另外，正压力太大使土体完全遭到横向破坏，有可能导致试验失败。

2. 后级增量

自第二级开始，每级的增量应控制在一个合理的范围。一般来讲增量值随土体软硬而变化，在软土中的增量较小，在较硬的土中增量较大。

3. 固结时间

每级的固结时间也要随不同的土体、含水量及试验要求而调整。一般要求进行有效应力试验，为此在排水不畅的软黏土中固结时间需要30 min 以上，对其他土层，第一级正应力固结时间采用10 min，其后的几级压应力，固结时间宜定为5 min。在含有少量黏土的砂层中，由于排水畅通，每次固结时间可降为2 min。

在实际进行剪切试验时，还要根据现场的实际情况加以调整。

第八节　扁铲侧胀试验

一、试验原理与试验目的

（一）试验原理

扁铲侧胀试验（简称扁胀试验）时，扁铲两侧的膜片对称向外扩张，土体的受力状况与半无限介质表面圆形面积上受均布柔性荷载的问题近似。如土的变形模量（弹性模量）为E，泊松比为 μ ，膜中心的外移为s，根据弹性力学公式有：

$$s=\frac{4\cdot R\Delta P}{\pi}\cdot\frac{1-\mu^2}{E} \tag{3-34}$$

式中：R 为膜的半径（R=30 mm）。

取 s 为1.10 mm，再定义扁胀模量 $E_D=E/(1-\mu^2)$，则式（3-34）可变成：

$$E_D=34.7\Delta P=34.7(p_1-p_0) \tag{3-35}$$

式中：p_0为膜片向土中膨胀之前的接触应力即相当于土中的原位水平应力（kPa）；

p_1为膜片向土中膨胀当其边缘位移达到1.10 mm 时的压力（kPa）。

再分别定义侧胀水平应力指数 K_D、侧胀土性指数 I_D、侧胀孔压指数 U_D 如下：

$$K_D=\frac{p_0-u_0}{\sigma_{vo}} \tag{3-36}$$

$$I_D=\frac{p_1-p_0}{p_0-u_0} \tag{3-37}$$

$$U_D=\frac{p_2-u_0}{p_0-u_0} \tag{3-38}$$

式中：p_2为卸载时膜片边缘位移回到0. 05 mm 时的压力（kPa）；

u_0为试验深度处的静水压力（kPa）；

σ_{vo} 为试验深度处的有效上覆土压力（kPa）。

根据 E_D、K_D、I_D 和 U_D 分析确定岩土的相关参数。

（二）试验目的

扁铲侧胀试验的目的主要有如下几方面：

①用于划分土类。

②估算静止侧压力系数、不排水抗剪强度、土的变形参数。

③为侧向受荷桩的设计提供所需参数。

二、试验设备

扁铲侧胀试验是用静力（有时也用锤击动力）把一扁铲形探头贯入土中，达到试验深度后，利用气压使扁铲侧面的圆形钢膜向外扩张进行试验，测量膜片刚好与板面齐平时的压力和移动1.10 mm 时的压力，然后减少压力，测的膜片刚好恢复到与板面齐平时的压力。这3个压力，经过刚度校正和零点校正后，分别以p_0、p_1、p_2表示。根据试验成果可获得土体的力学参数，它可以作为一种特殊的旁压试验。它的优点在于简单、快速、重复性好且更宜，故近几年在国外发展很快。扁铲侧胀试验适用于一般黏性土、粉土、中密以下砂土、黄土等，不适用于含碎石的土、风化岩等。

扁铲侧胀试验设备：扁铲形探头的尺寸为长230～240 mm、宽94～96 mm、厚14～16 mm；铲前象刃角为12°～16°，在扁铲的一侧面为一直径60 mm 的钢膜；探头可与静力触探的探杆或钻杆连接，对探杆的要求与静力触探相同。

三、试验的技术要求

①试验时，测定3个钢膜位置的压力 A、B、C。压力 A 为当膜片中心刚开始向外扩张，向垂直扁铲周围的土体水平位移0.05（+0.02，−0.00）mm 时作用在膜片内侧的气压。压力 B 为膜片中心外移达1.10±0.03 mm 时作用在膜片内侧的气压。压力 C 为在膜片外移1.10 mm 后，缓慢降压，使膜片内侧到刚启动前的原来位置时作用在膜片内的气压。当膜片到达所确定的位置时，会发出一电信号（指示灯发光或蜂鸣器发声），测读相应的气压。一般3个压力读数 A、B、C 可在贯入后1 min 内完成。

②由于膜片的刚度问题，在试验时，需要将大气压下所标定的膜片中心向外移0.05和1.10 mm 来确定所需的压力 ΔA 和 ΔB，这样标定应重复多次。取 ΔA、ΔB 的平均值，则将压力 B 修正为 p_1（膜中心外移0.10 mm）的计算式为：

$$p_1=B-Z_m-\Delta B \tag{3-39}$$

式中：Z_m 为压力表的零读数（大气压下）。

把压力 A 修正为 p_0的计算式为：

$$p_0=0.05(A-Z_m-\Delta A)-0.05(B-Z_m-\Delta B) \tag{3-40}$$

把压力 C 修正为 p_2（膜中心外移后又收缩到初始外移0.05 mm 的位置）的计算式为：

$$p_2=C-Z_m+\Delta A \tag{3-41}$$

③当静压扁胀探头入土的推力超过5 t（或用标准贯入锤击方式，每30 cm 的锤击数为15击）时，为避免扁胀探头损坏，建议先钻孔，在孔底下压探头至少15 cm。

④试验点在垂直方向的间距可为0.15～0.30 m，一般采用20 m。

⑤试验全部结束，应重新检验和值。

⑥若要估算原位的水平固结系数 C_h，可进行扁胀消散试验，从卸除推力开始，记录压力 C 随时间 t 的变化，记录时间可按1 min、2 min、4 min、5 min、15 min、30 min……安排，直至压力 C 的消散超过50%为止。

四、试验成果及应用

（一）划分土类

马尔凯蒂（Marchetti）（1980）提出依据侧胀土性指数 I_D 可划分土类，如表3-21所示。

表 3-21 依据侧胀土性指数 I_D 划分土类

I_D	＜0.1	0.1～0.35	0.35～0.6	0.6～0.9	0.9～1.2	1.2～1.8	1.8～3.3	＞3.3
土类	泥炭及灵敏性黏土	黏土	粉质黏土	黏质粉土	粉土	砂质粉土	粉质砂土	砂土

（二）计算静止侧压力系数

扁铲侧胀探头压入土中，对周围土体产生挤压，故不能由扁铲侧胀试验直接测定原始初始侧向应力，但经过试验可建立静止侧压力系数与水平应力指数的关系式。

①马尔凯蒂（1980）根据意大利黏土的试验经验，提出静止侧压力系数为：

$$K_0=\left(\frac{K_D}{1.5}\right)^{0.47} \quad (0.6 \leqslant I_D \leqslant 1.2) \tag{3-42}$$

②伦尼（Lunnc）等（1990）补充资料后，得出：

对新近沉积黏土：

$$K_0=0.34K_D^{0.54} \quad (C_u/\sigma_{vo} \leqslant 0.5) \tag{3-43}$$

对于老黏土：

$$K_0=0.68K_D^{0.54}\ (C_u/\sigma_{vo}>0.8) \quad (3\text{-}44)$$

（三）确定黏性土的应力历史

Marchetti（1980）建议，对无胶结的黏性土（$I_D \leqslant 1.2$），可采用 K_D 评定土的超固结比（OCR）：

$$OCR=0.5K_D^{1.56} \quad (3\text{-}45)$$

（四）土的变形参数

马尔凯蒂（1980）提出压缩模量 E_s 与 E_D 的关系如下：

$$E_S=R_M \cdot E_D \quad (3\text{-}46)$$

式中：R_M 为与水平应力指数 K_D 有关的函数。

当 $I_D \leqslant 0.6$ 时

$$R_M=0.14+2.36\lg K_D \quad (3\text{-}47)$$

当 $I_D \geqslant 3.0$ 时

$$R_M=0.5+2\lg K_D \quad (3\text{-}48)$$

当 $0.6< I_D <3.0$ 时

$$R_M=R_{M0}+(2.5-R_{M0})\lg K_D \quad (3\text{-}49)$$

$$R_{M0}=0.14+0.15\ (I_D-0.6)$$

当 $I_D >10$ 时

$$R_M=0.32+2.18\lg K_D \quad (3\text{-}50)$$

一般 $R_M \geqslant 0.85$

第九节　旁压试验

一、试验原理与试验目的

（一）试验原理

旁压试验是通过旁压器在竖直的孔内加压，使旁压膜膨胀，并由旁压膜（或护套）将压力传给周围土体（或软岩），使土体产生变形直至破坏，同时通过量测装置测得施加的压力与岩土体径向变形的关系，从而估算地基土的强度、变形等岩土工程参数的一种原位试验方法。旁压试验适用于黏性土、粉土、砂土、碎石土、残积土、极软岩和软岩等。

旁压试验的优点在于它可以在不同的深度上进行试验，特别是地下水以下的土层；所求的地基荷载力数值与平板静力荷载试验相近，试验精度高；设备轻便、测试时间短。其缺点主要是受成孔质量影响较大。

（二）试验目的

旁压试验的目的主要有如下两方面：

①测定土的旁压模量和应力应变关系。

②估算黏性土、粉土、砂土、软质岩石和风化岩石的承载力。

二、试验设备

旁压试验设备主要由旁压器、加压稳压装置、变形测量装置几部分构成。

1. 旁压器

结构为三腔式圆柱形，外套弹性膜。常用的PY-3型旁压仪外径为50 mm（带铠甲扩套时为55 mm），三腔总长500 mm，中腔为测量腔，长250 mm，上、下腔为辅助腔，各长125 mm，上、下腔之间用铜导管沟通，与测量腔隔离。辅助腔的作用是，当土体受压时，使量测腔周围土体受压趋于均匀，以便将复杂的三维应力问题简化为近似的平面问题。三腔中轴为导水管，用于排泄地下水。

2. 加压稳压装置

压力源为高压氮气或人工打气，附有压力表，加压和稳压均采用调压阀。

3. 变形测量装置

由测管量测孔壁土体受压后的变形值。

三、试验的技术要求

①旁压试验点要求布置在有代表性的位置和深度进行，旁压器的量测腔要求位于同一土层内。试验点的垂直间距应根据地层条件和工程要求确定，但不宜小于1 m，试验孔与已有钻孔的水平距离不宜小于1 m。

②预钻式旁压试验应保证成孔质量，孔壁要垂直、光滑、呈规则圆形，钻孔直径与旁压器直径应良好配合，防止孔壁坍塌。

加荷等级可采用预期临塑压力的1/7～1/5，初始阶段加荷等级可取小值，必要时可做卸荷再加载试验，测定再加荷旁压模量。

③每级压力应维持1 min或2 min后再施加下一级荷载，维持1 min时，加荷后15 s、30 s、60 s测读变形量，维持2 min时，加荷后15 s、30 s、60 s、120 s测读变形量。

④当量测腔的扩张体积相当于量测腔的固有体积时，或压力达到仪器容许的最大压力时应终止试验。

四、试验成果及其应用

旁压试验的主要成果就是扩张体积和压力关系曲线（即p—V曲线），其应用主要有以下两方面：

（一）计算土的变形模量

得到旁压模量E_m后可按下面的方法换算得到变形模量：

①梅娜（Menard）公式

$$E_0=E_m/\alpha_m \tag{3-51}$$

式中：E_0为土的变形模量；

α_m为土的结构性修正系数，见表3-22。

表3-22 土的结构性修正系数α_m

土类	黏土		粉土		砂土		砂砾	
	E_m/p_1^*	α_m	E_m/p_1^*	α_m	E_m/p_1^*	α_m	E_m/p_1^*	α_m
扰动土	7～9	1/2	—	1/2	—	1/3	—	1/4
超固结土	＞16	1	＞14	2/3	＞12	1/2	＞10	1/3

注：p_1^*为净极限压力

②原机械电子工业部勘察研究院的经验公式

$$E_0=KE_m \tag{3-52}$$

式中：K为经验系数。

对黏性土、粉土、砂土：

$$K=1+61.1m_p^{-1.5}+0.0065(V_0-167.6) \tag{3-53}$$

对于黄土类土：

$$K=1+43.7m_p^{-1.0}+0.005(V_0-211.9) \quad (3-54)$$

不区分土类时：

$$K=1+25.25m_p^{-1.0}+0.0069(V_0-158.5) \quad (3-55)$$

式中：m_p 为旁压模量与旁压试验极限压力和初始压力之差的比值，$m_p=E_m/(p_1-p_0)$；

V_0为与初始压力 p_0对应的测量腔体积（cm^3）。

（二）评定地基承载力

利用旁压试验 p—V 曲线的特征值可以评定地基承载力的标准值。

（1）临塑压力法

地基承载力标准值：

$$f_k=p_f-p_0（或 f_k=p_f） \quad (3-56)$$

（2）极限压力法

地基承载力标准值：

$$f_k=(p_1-p_0)/F \quad (3-57)$$

式中：F 为经验系数，一般取值为2～3。

第十节　岩体原位测试

岩体原位测试是在现场制备岩体试件模拟工程作用对岩体施加外荷载，进而求取岩体力学参数的试验方法，是岩土工程勘察的重要手段之一。岩体原位测试的最大优点是对岩体扰动小，尽可能地保持了岩体的天然结构和环境状态，使测出的岩体力学参数直观、准确。其缺点是试验设备笨重、操作复杂、工期长、费用高。另外，岩体原位测试的试件与工程岩体相比，其尺寸还是小得多，所测参数也只能代表一定范围内的力学性质。因此，要取得整个工程岩体的力学参数，必须有一定数量试件的试验数据（用统计方法求得）。下面对常用岩体原位测试方法的基本原理进行介绍。

一、岩体变形测试

岩体变形测试的方法有静力法和动力法两种。静力法的基本原理是：在选定的岩体表面、槽壁或钻孔壁面上施加一定的荷载，并测定其变形，然后绘制出压力变形曲线，计算岩体的变形参数。据其方法不同，静力法又可分为承压板法、狭缝法、钻孔变形法及水压法等。动力法是用人工方法对岩体发射或激发弹性波，并测定弹性波在岩体中的传播速度，然后通过一定的关系式求岩体的变形参数。据弹性波的激发方式不同，又分为声波法和地震法。

承压板法是通过刚性承压板对半无限空间岩体表面施加压力并量测各级压力下岩体的变形，按弹性理论公式计算岩体变形参数的方法。该方法的优点是简便、直观，能较好地模拟建筑物基础的受力状态和变形特征。

狭缝法又称为刻槽法，一般是在巷道或试验平硐底板及侧壁岩面上进行。其基本原理是：在岩面开一狭缝，将液压枕放入，再用水泥砂浆填实；待砂浆达到一定强度后，对液压枕加压；利用布置在狭缝中垂线上的测点量测岩体的变形，进而利用弹性力学公式计算岩体的变形模量。该方法的优点是设备轻便、安装较简单，对岩体扰动小，能适应各种方向加压，且适合各类坚硬完整岩体，是目前工程上经常采取的方法之一。它的缺点是当假定条件与实际岩体有一定出入时，将导致计算结果误差较大，而且随测量位置不同测试结果有所不同。

二、岩体强度测试

岩体强度测试是工程岩体破坏机理分析及稳定性计算不可缺少的，目前主要依据现场岩体力学试验求得。特别是在一些大型工程的详细勘察阶段，大型岩体强度测试占有很重要的地位，是主要的勘察手段。岩体强度测试主要有直剪试验、单轴抗压试验和三轴抗压试验等。由于岩体强度测试考虑了岩体结构及其结构面的影响，因此测试结果较室内岩块试验更符合实际。

直剪试验一般在平硐中进行，如在试坑或在大口径钻孔内进行时，则需设置反力装置。其原理是在岩体试件上施加法向压应力和水平剪应力，使岩体试件沿剪切面剪切。直剪试验一般需制备多个试件，并在不同的法向应力作用下进行试验。岩体直剪试验又可细分为抗剪断试验、摩擦试验及抗切试验。

三轴抗压试验一般是在平硐中进行的，即在平硐中加工试件，并施加三向压力。使其剪切破坏，然后根据摩尔理论求出岩体的抗剪强度指标。

三、岩体应力测试

岩体应力测试，就是在不改变岩体原始应力条件的情况下，在岩体原始的位置进行应力量测的方法。岩体应力测试适用于无水、完整或较完整的均质岩体，分为表面应力测试、孔壁应力测试和孔底应力测试。一般是先测出岩体的应变值，再根据应变与应力的关系计算出应力值。测试的方法有应力解除法和应力恢复法。

应力解除法的基本原理是：岩体在应力作用下产生应变，当需测定岩体中某点的应力时，可将该点的单元岩体与其分离，使该点岩体上所受的应力解除，此时由应力作用产生的应变即相应恢复，应用一定的量测元件和仪器测出应力解除后的应变值，即可由应变与应力关系求得应力值。

应力恢复法的基本原理是：在岩面上刻槽，岩体应力被解除，应变也随之恢复；然后在槽中埋入液压枕，对岩体施加压力，使岩体的应力恢复至应力解除前的状态，此时液压枕施加的压力即为应力解除前岩体受到的压力。通过量测应力恢复后的应力和应变值，利用弹性力学公式即可解出测点岩体中的应力状态。

四、岩体现场简易测试

岩体现场简易测试主要有岩体声波测试、岩石点荷载强度试验及岩体回弹锤击试验等几种。其中岩石点荷载强度试验及岩体回弹捶击试验是对岩石进行试验，而岩体声波测试是对岩体进行试验。

岩体声波测试是利用对岩体试件激发不同的应力波，通过测定岩体中各种应力波的传播速度来确定岩体的动力学性质。此项测试有独特的优点：轻便简易、快速经济、测试内容多而且精度易于控制，因此具有广阔的发展前景。

岩石点荷载强度试验是将岩石试件置于点荷载仪的两个球面圆锥压头间，对试件施加集中荷载直至破坏，然后根据破坏荷载求出岩石的点荷载强度。此项测试技术的优点是：可以测试岩石试件以及低强度和分化严重岩石的强度。

岩体回弹锤击试验的基本原理是利用岩体受冲击后的反作用。使弹击锤回跳的数值即为回弹值。此值越大，表明岩体弹性越强、越坚硬；反之，说明岩体软弱、强度低。用岩体回弹锤击试验测定岩体的抗压强度具有操作简便及测试迅速的优点，是岩土工程勘察对岩体强度进行无损检测的手段之一。特别是在工程地质测绘中，使用这一方法能较方便地获得岩体抗压强度指标。

第四章 岩土工程水文地质勘察技术

水文地质勘察也是岩土工程勘察中的一项重要内容。进行水文地质勘察的目的是为了测定岩石的渗透性和含水层的水文地质参数。岩土工程中的水文地质勘察包括了对地下水流向与流速的确定以及对水、土的腐蚀性测试等内容。在岩土工程的水文地质勘察中需要采用抽水试验、压水试验、注水试验、渗水试验等技术。只有进行了水文地质勘察，才能够准确掌握区域内的水文实际资料，对区域的水文地质条件和地下水资源做出正确的评价，为岩土工程的开展提供依据。

第一节 地下水流向与流速测定

一、地下水流向测定

地下水流向可利用三点法测定，并根据等水位线图或等压水位线图来判断。三点法是利用钻孔或井组成一个三角形，如图4-1所示。

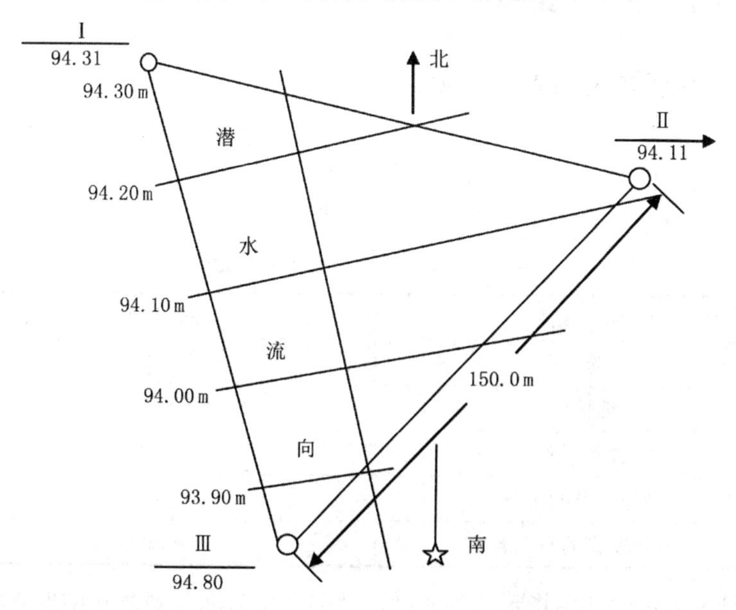

图 4-1 测定地下水流向的钻孔分布略图

孔距根据地形的陡缓确定，一般为50～100 m。测量3个钻孔的水位标高，绘制等水位线图。等水位线的间距取决于地下水面的坡度，坡度大，间距也大；坡度小，间距也小。由标高大的等水位线向标高小的等水位线所做的垂线即为地下水的流向。根据三点法所测出的地下水流向具有较小地区性，它不能代表较大区域的地下水流向。因此，如果要确定大范围内的地下水流向时，就应布置钻孔网，编制出等水位线图或等压水位线图，才能正确地确定地下水总流向或主要流向。图4-2表示同一地区的地下水流向在两个小区域的流向为*AK*和*DL*，而在大区域地下水的总流向为*NS*。

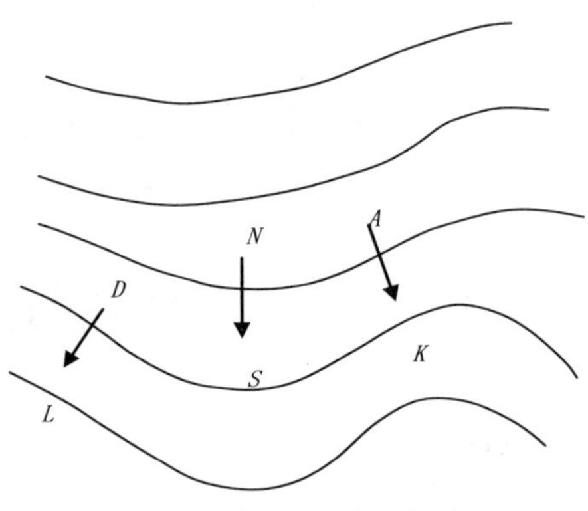

图 4-2 地下水流动方向图

二、地下水流速测定

（一）流速测定的方法与要求

①在已知的地下水流向上布置两个钻孔，上游的为试验孔，下游的为观测孔。孔距决定于岩石的透水性，在细砂中为2～5 m，含砾粗砂中为5～15 m，裂隙岩层中为10～15 m，岩溶岩层可大于50 m。如表4-1所示。

表 4-1 指示剂投放孔与观测孔间距表

含水层条件	距离（m）
粉土	1～2
细粒砂	2～5
含砾粗砂	5～15
裂隙发育的岩石	10～15
岩溶发育的石灰岩	＞50

②记录投入试验孔中指示剂的时间，每隔一定时间从观测孔中取水样进行分析，记录每次所分析的指示剂浓度。

③为防止投入试验孔中的指示剂没能到达观测孔中，可在观测孔旁布置两个

辅助观测孔。辅助观测孔与主观测孔的距离：当土层颗粒细时，为0.5～0.75 m；如为裂隙岩石或土层颗粒粗时，其距离为1.0～1.5 m。

④指示剂可用各种盐类、着色染料、有气味物质等，但所采用的指示剂应符合下列要求：a. 指示剂易溶解、不沉淀；b. 指示剂不易被岩土吸收；c. 指示剂在水中易被发现；d. 指示剂在水中的运动速度和水的流速相同；e. 指示剂无毒。指示剂的数量决定于地层的透水性，以及试验孔与观测孔之间的距离。

⑤根据指示剂的种类可分为食盐法和染色法。a. 食盐法适用于地下水中 Cl^- 含量小于500～600 mg/L 和含水层底部较平的条件。测定步骤：首先测定水中 Cl^- 的含量，然后向试验孔中投入食盐10～200 kg 或其溶液，记录投入的时间，最后在观测孔中每隔一定时间取水样测定 Cl^- 的含量，观测并记录 Cl^- 在观测孔中出现增多或减少的次数以及相应的时间。b. 染色法是用有机颜料测定地下水的流速。染色颜料对于碱性水采用荧光红指示剂，即在荧光红溶液中加入少量的氢氧化钠或氢氧化氨；对于酸性水应采用亚甲基蓝、阿尼林青等颜料。在试验孔中投入染色颜料后，在观测孔中取水，用比色法观测颜料出现的时间。取水时间间隔以及记录与食盐法相同。

（二）流速测定的计算方法

流速计算公式：

$$u=L/\Delta t \tag{4-1}$$

式中：u 为地下水实际流速（m/h）；

L 为试验孔到观测孔的距离（m）；

Δt 为指示剂从试验孔到观测孔所需的时间（h）。

不论什么指示剂在观测孔中出现，其浓度均由小逐渐增大再逐渐减小以至消失。可绘制浓度与时间的关系曲线，从曲线图上找出指示剂在观测孔中刚出现时和浓度最大时所对应的时间 T。当时间 T 采用指示剂在观测孔中开始出现的时间进行计算时，所得出的流速为最大流速；当时间 T 采用指示剂出现最大浓度的时间进行计算时，所得流速为平均流速：

实测的流速 u 为地下水的实际流速，渗透流速 V 按式（4-2）计算为：

$$V=nu \tag{4-2}$$

式中：V 为渗透流速（m/h）；

n 为地下水流经的地层孔隙度；

u 为流速（m/h）。

第二节　水文地质勘察相关试验与技术

一、抽水试验

（一）抽水试验的目的与类型

1. 抽水试验的目的

①测定含水层的水文地质参数，如渗透系数、导水系数、导压系数、给水度、储水系数及影响半径等，为评价地下水资源提供依据。

②测定钻孔涌水量和单位涌水量，并判断最大可能涌水量，了解涌水量与水位下降的关系。

③利用多孔（孔组）试验，绘制出下降漏斗断面，求得影响半径。

④判断地下水运动性质，了解地下水与地表水以及不同含水层之间的水力联系。

一般来说，钻孔、竖井、大口井、大锅锥井、管井、钻井，以及某些流量较大的上升泉、深潭式的地下暗河、截潜流工程、方塘等，都可以进行抽水试验。根据不同的水文地质勘察阶段、目的任务、精度要求和水文地质条件，可采用不同的试验方法。

普查阶段：只做单井抽水试验，获得含水层（组）渗透系数、钻孔涌水量与水位下降的关系。

详查阶段：以单孔抽水试验为主，结合多孔抽水试验，获得较准确的渗透系数、影响半径、补给带宽度、合理井距和干扰系数。

开采阶段：结合农田灌溉进行井群开采抽水试验，获得区域水位下降与开采水量的关系、总水量、干扰系数、总的平均水位削减值，以提供合理的布井方案、取水设备、灌溉定额、灌溉效益等。

2. 抽水试验的类型

抽水试验可以分为试验抽水与正式抽水、单孔抽水和多孔抽水、完整井抽水与非完整井抽水、分层抽水与混合抽水、稳定流抽水与非稳定流抽水等不同的类型。根据水文地质勘察工作的目的和水文地质条件的差异，抽水试验的类型也不相同。

（1）单孔抽水

①圈定富水地段：进行一次水位降低延续短时间（8 h 左右）的试验抽水，可以求得水井或钻孔的单位涌水量，根据大量的水井和钻孔试验抽水的结果，可

以圈定出不同含水层的富水地段。②确定水井和天然水点的出水量：进行2～3次水位降低，每次降低延续较长时间（1～3个昼夜）的正式抽水，可以了解水位下降与灌水量的变化关系，通过数学分析，可以计算出水井或天然水点的涌水量。这是评价水井或天然水点最大出水量的主要成果，也是确定水泵型号、规格的重要依据。③检查止水效果：利用分层抽水时所采水样进行分析，可以了解含水层是否与有害水源串通，进一步提供补救措施。

（2）多孔抽水

多孔抽水是由主孔与观测孔组成的抽水孔组，确定水文地质参数，进行1～3次水位降低，每次降低延续1～5个昼夜，可以确定含水层不同方向的渗透系数、影响半径、含水层的给水度和地下水实际流速等水文地质参数。这些参数是评价地下水资源的重要依据。

（3）干扰抽水

干扰抽水是由两个以上的主孔组成的抽水孔组同时抽水，确定合理的井距，在距离比较近的两个管井（一般相距5～30 m）中，分别进行2～3次水位降低的抽水试验，每次降低延续1～2个昼夜，可以求出不同的井距和不同降深的干扰系数。干扰系数是确定合理井距、计算干扰出水量的重要数据。这种抽水要求各主孔结构相同，水位下降一致。

（4）分层抽水

在山间盆地、冲积平原、滨海平原地区，利用不同深度钻孔，进行分层（组）抽水，可以取得不同埋深的含水层水位、水量和水质等资料，为开采淡水或改造咸水提供分层水文地质资料。

（5）混合抽水

在钻孔深度大、含水层数较多、各含水层间的水力特征基本一致的地区，可以进行混合抽水，概略地确定某一含水岩组（或含水段）的水文地质参数及水化学特征。

（6）大型开采抽水

为研究生产井的生产能力和评价地下水资源，利用现有工农业供水生产井，结合生产进行2～3次水位降低，每次降低延续10～100个昼夜的生产性抽水试验，可以比较精确地确定生产井的生产能力和评价地下水资源。

（7）完整井抽水与非完整井抽水

完整井抽水是指钻井深度在相对的隔水层中终孔。井底不进水，这样进行抽水试验，计算含水层的水文地质参数较为方便，所以在一般情况下尽可能地施工完整井；相反，钻井深度在含水层中终孔，井底进水，在这种情况下抽水即为非完整井抽水。

（8）正向抽水与反向抽水

正向抽水是在弱透水性细粒岩层中，由较小降深值逐次加大降深值的抽水试验；反向抽水即由最大降深至最小降深逐次进行，其多在强透水性岩层或基岩中采用。

（9）疏干抽水

疏干抽水是指在沼泽、盐渍地区及矿区，为规划排水方案和确定排水设备而进行的抽水试验。

上述各种类型抽水试验均属于稳定流抽水，即在一定的抽水时间内，水位下降和涌水量的波动值不超过最大允许误差范围，在含水层导水性能较好、补给来源充足地区，并且在确定水文地质参数时，抽水历经的时间不参与计算过程。相反，在抽水过程中，水位降深或涌水量，其中有一项趋于相对稳定，例如人工控制涌水量保持常量，而水位不断下降，则称为非稳定流抽水试验，并且在确定水文地质参数时，时间参与计算过程。

（二）试验地段选择的原则

抽水试验布置与工作量的多少，均应按国家水文地质规范和水文地质勘察设计进行。试验地段的选择原则如下。

①根据区域水文地质条件，选择具有代表性、控制性和估计地下水动态日变幅较小的地段。

②要考虑地下水资源评价和计算方法的需要，在一个水文地质单元上，特别是边界地段应设置抽水试验孔，并考虑试验孔排列方向尽可能地与地下水流向平行或垂直。

③选择含水层渗透性比较均匀、地下水水力坡度较小或池面较平坦的地段。

④选择含水层层位清楚的地段，抽水试验钻孔尽可能地施工完整井。

⑤选择地面无其他阻碍物，抽水时排水条件较好，并且尽量结合农田灌溉的需要。

⑥在已开采地下水的井灌区试验，应尽可能地选择现有生产井进行抽水试验。具体布置抽水试验，应根据不同水文地质勘探类型（洪积扇，河谷地区等），因地制宜地进行。

（三）不同类型抽水试验观测布置的原则

1. 单孔抽水试验的原则

单孔抽水试验的原则：主要在面上控制，要照顾到不同地貌单元和不同含水层；在详查阶段，主要是布置相互垂直的两条勘探线，在不同水文地质单元上的钻孔数量与距离应符合水文地质勘察设计要求。

2. 多孔抽水试验的原则

多孔抽水试验的原则是在基本查明含水层（组）分布及富水性的基础上，在不同水文地质单元选择有供水意义的主要含水层（组）的典型地段上进行，并尽可能地布置在计算地下水资源的断面上，一般垂直于地下水流向，主孔的一侧布置两个以上的观测孔。

观测孔的布置，应根据试验的目的和计算公式所需要具备的条件确定。在一般情况下应符合下列要求。

①以抽水孔为中心，布置1～2排观测线。一般在均质等厚的含水层中，可垂直地下水流向布置一排观测线；在非均质不等厚的含水层中，应平行和垂直（在下游）地下水的流向，或在主孔的两侧或沿岩层变化的最大方向，布置2～3排观测线。每排观测线上的观测孔，一般为2～3个。

②观测孔离抽水孔的距离及各观测孔之间的孔距，取决于含水层的透水性和地下水的类型。由于下降漏斗距抽水孔愈近愈陡，愈远愈平缓，所以每一排观测线上观测孔之间的距离应是靠近主孔处较密，远离主孔处较稀，以控制下降漏斗的变化和范围。强透水岩层中观测孔较密，弱透水岩层中观测孔较稀。观测孔与抽水孔的距离，可以采取几何级数设置，如5、10、20、40、80等。在水位下降值小，有越流补给的情况下，观测孔与抽水孔之间的距离可以近些，各观测孔间的距离可以小些，反之亦然。

观测孔的深度，一般要求深入试验段5～10 m；若为非均质含水层，观测孔的深度应与抽水孔一致。各观测孔的滤水管应尽量安置在同一含水层和同一深度上，各观测孔滤水管的长度尽量相等。至于观测孔的具体间距，则主要决定于含水层透水性的好坏，并与地下水的类型有关，相关参数可参考行业规范。

3. 干扰井群抽水试验

干扰井群抽水试验是在大面积水文地质单元上，选择有代表性的典型地段或准备推荐作为水源地的富水地段，按水文地质勘察设计提出的开采方案，布置干扰井群抽水试验工作。这种抽水试验，有时也是为了排水目的（如人工降低地下水位）而进行的，以便求出合理井距。两个干扰孔应垂直地下水流向布置，间距以能使水位削减值达到主孔抽降的20%～25%为准，抽降次数可以适当减少，但抽降要大。稳定延续时间至少为单孔抽水试验的两倍。在勘探过程中最好用同样的钻孔结构、同样的抽水设备进行干扰井群抽水试验。

4. 开采井群抽水试验

在大量开发地下水进行灌溉的井灌区，其布置应结合农灌生产井进行，同时也可参照供水水源地开采井群布局来布置开采井群抽水试验。

供水水源地开采井群系由若干管井，以及连接各管井的集水管、集水池、输水管、抽水设备及其附属建筑物等组成。井群的形式，如按管井的分布形状，可分为直线井群和梅花井群两种。直线井群适于地下水流坡度较大的地区，梅花井群适于地下水流坡度平缓的地区，其中以直线井群应用较广。直线井群又可分为单侧式和对称式两种。

井群常布置成一条线。在无压水中管井的排列线，应尽可能地与地下水流向垂直，但在承压水中却不一定如此要求。如井群布置成一排受到限制时，可布置成两排。排间具体的距离应根据地层的富水性、抽水设备能力、基建投资及生产经营费用等因素，经过详细的经济比较计算后才能确定。

5. 分段抽水试验

在大厚度、强富水的含水层地区，采用“分段开采，集中布井”的方式开采地下水，既可增大总的取水量，又可减少地表输水布线，节省投资，便于管理。

6. 分层抽水试验

为了观测各含水层的水文地质参数、水化学特征及各含水层之间的水力联系，以及构造破碎带的导水性等问题，应在主要含水层（组）进行抽水的同时，观测附近地表水体及其他含水层中观测孔内的水位变化。这类抽水试验的布置原则取决于任务的本身和具体的水文地质条件。

在水文地质勘察工作中，正确地规定抽水试验的任务和确定抽水试验的种类，并据此合理布置各个抽水试验孔，是取得评价区域水文地质条件所需资料的重要条件。为此，必须详尽地搜集和研究区域的地质资料和水文地质资料。

（四）抽水试验的技术要求

1. 抽水试验段的划分原则

抽水试验段的划分，应根据含水岩组厚度、隔水层分布及水文地质勘察精度而定，在下列情况下应分段（层）进行抽水。

①钻孔揭露多层含水层。

②潜水和承压水。

③第四纪松散沉积物和基岩的含水层。

④淡水与咸水的上部为高氟水，下部为淡水或水质类型差别较大的含水层。

⑤大厚度单一含水层，应根据浅、中、深3种井型及抽水设备能力划分抽水试验段，试验段长度一般20～30 m，以便决定分段（层）进行地下水开采。

⑥岩溶地区按区域分布的稳定厚层泥灰岩隔水层划分抽水试验段；在泄水区或水平循环带内，根据岩溶发育深度，按富水性强弱进行分段抽水。

针对下列情况，一般可进行分组混合抽水。

①对含水层的性质及相互关系已基本查清，抽水的目的是为了解生产井出水量。

②对勘探精度要求不高，而且各含水层间静水位相差不大（一般不超过1 m），富水性基本一致。

③含水层岩性基本相同，隔水条件差或被断裂、老井灌区生产井串通，水位、水质基本一致。

2. 抽水试验段的落程

目前对正式抽水试验主要进行3个落程。一般情况下可以做1～2次最大水位降低。

①水量不大 [q ＜0.01 L/（s · m）的含水层]。

②精度要求不高，或含水层供水价值不大。

③掌握一定水文地质资料的地区或普查阶段的辅助勘探孔抽水的情况。

④含水层补给条件充足，涌水量大，最大降深值小于1 m。

进行稳定流抽水试验时，不同落程数值应保持相对稳定，其数值近似为：

第一次落程时：

$$S_1=1/6\ H \tag{4-3}$$

（H 为由潜水含水层地面算起的水柱高度）；

第二次落程时：

$$S_2=1/4\ H \tag{4-4}$$

第三次落程时：

$$S_3=1/3\ H \tag{4-5}$$

如果受抽水设备能力限制或地下水补给充沛，难以达到上述要求时，也可以使用 S_3为最大降深值求 S_2和 S_1，即 S_1=1/3 S_3、S_2=2/3 S_3；或依据抽水设备最大抽降能力，S_3=S_{max}、S_2=2/3 S_{max}、S_3=1/3 S_{max} 的次序进行抽水。

抽水试验一般要求水位降低值愈大愈好，尽可能是动水位降低到设计降深位的1/3以上。各次落程水位降低之差值应不小于1 m。

3. 抽水试验稳定的延续时间

抽水试验稳定的延续时间直接关系到抽水试验质量和资料的利用。稳定时间的长短，应根据水文地质勘察的目的、要求和水文地质条件复杂程度来确定。按稳定流公式计算参数时，抽水降深 S 和流量 Q 需保持相对稳定数小时至数日，且最远观测孔水值稳定不少于2～4 h。一般要求卵石、砾石和粗砂含水层稳定8 h，中砂、细砂、粉砂含水层稳定16 h，基岩含水层（缓）稳定24 h。按非稳定流公式计算参数时，非稳定状态延续至 $S—\lg t$ 或 $\Delta h^2—\lg t$ 曲线，如有拐点则延续时间至拐点后的线段趋于水平为止；如无拐点则应根据试验目的决定。原则上不少于两个对数周期。在实际工作中，确定抽水稳定延续时间时，需考虑下列因素。

①单纯为求得岩层渗透系数时，稳定延续时间可短些；需确定水井的开采能力，含水岩组间的水力联系，或进行孔群互阻干扰抽水试验时，稳定时间则应延长。

②补给条件较差或补给情况不明的地区，稳定时间要长些。

③水位降低值小时，稳定时间应长些；水量较小的抽水井，稳定时间可适当缩短。

④泥浆钻进且洗井不彻底时，稳定延续时间可以长些。

⑤在雨季或旱季进行抽水试验时，由于地下水处于连续升降阶段，稳定延续时间应适当延长。

⑥岩溶地区在抽水过程中，往往出现地面塌陷和溶洞沟通，产生新的补给来源，若抽水过程涌水量出现忽大忽小现象则应适当延长抽水时间。

⑦滨海地区因抽水造成海水倒灌，在水化学成分尚未测定之前，需适当延长抽水时间。

⑧在漂浮淡水体中进行抽水试验时，若抽水初期氯离子含量不断增加，且很快超过供水标准时，即可结束抽水；若抽水初期氯离子含量虽有增高，随后趋于稳定，又未超过供水标准时，则延续24 h 以上。抽水过程中氯离子含量无变化，其稳定时间按一般规定确定。

⑨在微咸水层中抽水时，如氯离子含量逐渐降低，则应适当延续抽水时间，以便确定微咸水有无变成淡水的可能。

4. 抽水试验的稳定标准

①抽水过程中，水位和涌水量历时曲线不能有逐渐增大与减少的趋势。

②在稳定段内，主孔水位波动差衡量标准如下。

a. 利用离心泵抽水时，水位波动差在稳定延续时间内，不应超过2～5 cm；

用探井泵抽水时，不应超过5～7 cm；用空压机抽水时，不应超过7～10 cm。

b. 水位变幅值不得超过水位降低值，观测孔水位波动不应超过2～3 cm。

③涌水量在稳定时间内，变幅值不超过正常流量的3%～5%，当涌水量很小时可适当地放宽至10%。

④当主孔和观测孔的水位与区域地下水位变化趋势及变幅基本一致时，可以视为稳定。

⑤滨海地区受潮汐影响的抽水孔，孔内动水位与潮汐变化相同时，也可视为稳定。

⑥多孔抽水时，以最远观测孔的水位达到稳定为标准。

5. 抽水试验的水位、水量、水温观测

①静水位（天然水位）的观测。a. 一般地区：每小时测定1次，3次所测数字相同或4 h 内水位相差不超过2 cm 者，即为静水位。b. 受潮汐影响地区：需测出两个潮汐日周期（不少于25 h）的最高、最低和平均水位资料：如高低水位变幅小于0.5 m 时，取最高水位平均值为静水位；变幅大于0.5 m 时，取最低水位平均值为静水位。

②动水位及水量观测。动水位、水量与观测孔水位的测量工作须同时进行。较远观测孔在开泵后可以延迟一段时间观测，观测孔较多时可分组进行。观测时间一般在抽水开始后，每隔5 min、10 min、15 min、20 min、25 min、30 min 观测1次，然后每30 min 观测1次。

③水温、气温观测。一般每2～4 h 观测1次，并同时记录地下水的其他物理性质有无变化。

④恢复水位观测。a. 一般地区：每一个落程完毕或中途因故停泵时，进行恢复水位观测，观测时间间距应按水位恢复速度确定，一股停泵后1 min、3 min、5 min、10 min、15 min、30 min 各观测1次，以后每30 min 观测1次。b. 受潮汐影响的地区：恢复水位观测时间不少于一个潮汐变化周期（不少于12 h），观测间距应根据潮汐变化规律而定。

⑤抽水试验过程中排水系统的设置，应根据地形坡度、含水层埋深、地下水流向和地表土层渗透性能等因素，确定排水方向和排水距离。

抽水试验是岩土工程勘察中查明建筑场地的地层渗透性，测定有关水文地质参数常用的方法之一。抽水试验方法可按表4-2的规定选用。

表 4-2 抽水试验方法和应用范围

试验方法	应用范围
钻孔或探井简易抽水	粗略地估算弱透水层的渗透系数
不带观测孔抽水	初步测定含水层的渗透系数
带观测孔抽水	较准确地测定含水层的各种参数

二、压水试验

在坚硬及半坚硬岩土层中，当地下水距地表很深时，常用压水试验测定岩层的透水性，多用于水库、水坝工程。压水试验孔位，应根据工程地质测绘和钻探资料，结合工程类型、特点确定。并按照岩层的不同特性划分试验段，试验段的长度宜为5～10 m。

压入水量是在某一个确定压力作用下，压入水量呈稳定状态的流量。当控制某一设计压力值呈现稳定后，每隔10 mm 测读压入水量，连续4次读数，其最大差值小于最终值5%时为本级压力的最终压入水量。根据压水试验成果可计算渗透系数 K。

当试验段底板距离隔水层顶板厚度大于试验段长度时，按式（4-6）计算：

$$K=0.527\frac{Q}{L\times P}\lg\frac{0.6L}{r} \tag{4-6}$$

式中：K 为渗透系数（m/d）；Q 为钻孔压水的稳定流量（L/ min）；

L 为试验段长度（m）；

P 为该试验段压水时所加的总压力（N/ cm^2）；

r 为钻孔半径（m）。

当试验段底板距离隔水层顶板厚度小于试验段长度时，按式（4-7）计算：

$$K=0.527\frac{Q}{L\times P}\lg\frac{1.32L}{r} \tag{4-7}$$

三、注水试验

注水试验不同于人工回灌试验，它的目的是测定岩土的透水性和裂隙性及其随深度的变化情况。注水试验不用机械动水压力，仅在钻孔内利用抬高水头的压力进行试验。即向钻孔中注水，使进入钻孔的水具有一定的压力。这样，具有不同裂隙性和渗透性的岩土，就会表现出不同的吸水性。吸水性用单位吸水量来表示：即在1 m 高水柱的压力下，在钻孔中1 m 长的试验段内，岩土每分钟吸收水的体积。

在岩溶地区中的水位埋深大、抽水困难地区可用注水试验估算K值。注水试验一般适用于地下水位较深，甚至钻孔中未见地下水的干孔。通过注水试验可求得地下水位以上或某一深度井段岩土的渗透性。

注水试验可按下述计算方法求出单位吸水量。当计算渗透系数K或其他有关指标时，可用抽水试验的有关公式，但需将式中抽水的水位降低值换为注水的水位升高值。

当地下水位埋藏在孔底以下较深时，可采用式（4-8）计算渗透系数为：

$$K=0.423\frac{Q}{h^2}\lg\frac{4h}{d} \quad (4\text{-}8)$$

式中：h为注水造成的水头高（m）；

d为钻孔或过滤器直径（m）；

Q为吸水量（t/d）；

K为渗透系数（m/d）。

式（4-8）应用范围为：$6.25 < h/d < 25$，$h \leqslant 1$。

四、渗水试验

渗水试验是在野外条件下，测定松散岩石包气带渗透系数的方法。应用该方法时，潜水的埋藏深度最好大于5 m。

渗水试验的方法是在试坑中进行。试坑的底应达到试验的土层。试坑的最小截面积一般为1.0 m×1.5 m。在试坑的底部做一聚水坑，其底应为水平，边长为30～40 cm，坑深为10 cm，一般截面为正方形。在聚水坑的底部应铺盖2 cm厚的砾石层以防试验土层受到冲刷。

试验步骤：从安装在地面上的给水装置中放水入聚水坑，并用斜口玻璃管控制，使坑底始终保持3～4 cm的水层厚度，给水应尽可能地保持均衡和连续，当供给聚水坑的水量达到稳定后，即可测定该试验层的岩石渗透系数。

当给水量达到稳定后，表明由坑中渗透到试验土层中的水流达到稳定，该时的平均渗透速度为：

$$v=Q/W \quad (4\text{-}9)$$

式中：Q为渗透水量（达到稳定的给水量）；W为聚水坑的截面积。

当渗透的过程延长到一定程度后，渗水的水头梯度I接近于1，即：

$$I=(Z+h)/h \quad (4\text{-}10)$$

式中：Z为聚水坑中的水层厚度；

h为渗水坑所经过的长度或达到的深度。

因此，渗透系数 K 在数值上就等于该时的平均渗透速度，即

$$K=v=Q/W \tag{4-11}$$

这样，就可以根据测得的稳定后注入聚水坑中的水量（渗透水流流量）和聚水坑的截面积（过水断面），计算出试验土层的渗透系数。

上面的试验方法对于砂质类岩石来说基本是正确的，但对于黏土质岩石来说，则必须考虑毛细力的作用。在黏土质岩石中产生的毛细力，大约相当于该类岩石毛细力最大上升高度（H_k）的50%。此时，渗透水流的水头梯度值为

$$I=\frac{Z+h+0.5H_k}{h} \tag{4-12}$$

式中：H_k 为毛细力最大上升高度。

这样，试验土层的渗透系数即为

$$K=\frac{Q}{W(Z+h+0.5H_k)} \tag{4-13}$$

式中符号意义同前。

应该指出，在渗水试验中，因毛细力的作用，在黏土质岩石中渗透作用不单是指垂直定向下进行的，而且是在各个不同方向进行的。因此，土的湿润部分就形成了一个球体，这使得过水断面的形状大为复杂化。为了解决这一问题，在试坑的底部可以安装一个面积一定的钢质双圆环，试验时，在圆环的内外同时注水，并使两者保持同一水层厚度（或水位高度）。此时，圆环外部的水不仅向下渗透，同时也向两侧渗透，而圆环内的水则主要是向下渗透。故在测定试验层的渗透系数时，可以将圆环的截面积作为过水断面，这样就提高了渗水试验的精度。通常钢质圆环的厚度为1.5～2 cm，直径为35～40 cm，高40 cm，其下端应具锋刃以便插入土中。

第三节　水、土腐蚀性测试方法与评价

一、测试的取样与方法

在岩土工程勘察时，除按含水层埋藏条件划分地下水类型、测定初见水位和稳定水位、评价地下水的动力作用和物理化学作用之外，地下水中所含的侵蚀性 CO_2、SO_2^{4-}、Cl^-、H^+ 等介质对混凝土结构物和钢结构及设备的腐蚀破坏也是比较明显的，故在工程上要对地下水和土的腐蚀性进行评价。

（一）测试的取样

地下水和土的取样及测试方法对水和土的检测结果影响很大，对工程项目的

地下部分来说，更是必要的评价内容。取样必须依照规范严格把关，防止取样过程的污染。

根据《岩土工程勘察规范》GB 50021—2001（2009年版）要求，水和土试样的采取及试验应符合下列规定。

当有足够经验或充分资料，认定工程场地的土或水（地下水或地表水）对建筑材料不具腐蚀性时，可不取样进行腐蚀性评价。否则，应取水试样或土试样进行试验，并按下列要求评定其对建筑材料的腐蚀性：①混凝土或钢结构处于地下水位以下时，应采取地下水试样和地下水位以上的土试样，并分别做腐蚀性试验；②混凝土或钢结构处于地下水位以上时，应采取土试样做土的腐蚀性试验；③混凝土或钢结构处于地表水中时，应采取地表水试样做水的腐蚀性试验；④水和土的取样数量每个场地不应少于2件，建筑群不宜少于3件。

（二）腐蚀性测试方法

地下水腐蚀性测试项目应按表4-3的规定执行。

表 4-3 腐蚀性试验项目

序号	测试项目	测试方法
1	pH 值	电位法或锥形电极法
2	Ca^{2+}	EDTA 滴定法
3	Mg^{2+}	EDTA 滴定法
4	Cl^{-}	摩尔法
5	SO_2^{4-}	EDTA 滴定法
6	HCO_3^{-}	酸滴定法
7	CO_3^{2-}	酸滴定法
8	侵蚀性 CO_2	盖耶尔法
9	游离 CO_2	纳氏试剂比色法
10	NH_4^{+}	水杨酸比色法
11	OH^{-}	酸滴定法
12	总矿化度	质量法
13	氧化还原电位	铂电极法
14	极化曲线	两电极恒电流法
15	电阻率	四极法
16	质量损失	管罐法

注：①序号 1 ~ 7 为判定土腐蚀性需试验的项目，序号 1 ~ 9 为判定水腐蚀性需试验的项目。

②序号 10 ~ 12 为水质受严重污染时需试验的项目，序号 13 ~ 16 为土对钢结构腐蚀性试验项目。

③序号 1 对水试样为电极法，对土试样为锥形电极法（原位测试）；序号 2 ~ 12 为室内试验项目；序号 13 ~ 15 为原位测试项目；序号 16 为室内扰动土的试验项目。

④土的易溶盐分析土水比为 1 ：5。

二、对水、土腐蚀性测试的评价

受环境类型影响，水和土对混凝土结构的腐蚀性应符合表4-4的规定。表中环境类型的划分按表4-5执行。

表 4-4 按环境影响水和土对混凝土结构的腐蚀性评价

腐蚀等级	腐蚀介质	环境类别		
		I	II	III
弱	硫酸盐含量 SO_4^{2-}（mg/L）	250 ～ 500	500 ～ 1500	1500 ～ 3000
中		500 ～ 1500	1500 ～ 3000	3000 ～ 6000
强		＞ 1500	＞ 3000	＞ 6000
弱	镁盐含量 Mg^{2+}（mg/L）	1000 ～ 2000	2000 ～ 3000	3000 ～ 4000
中		2000 ～ 3000	3000 ～ 4000	4000 ～ 5000
强		＞ 3000	＞ 4000	＞ 5000
弱	铵盐含量 NH_4^+（mg/L）	100 ～ 500	500 ～ 800	800 ～ 1000
中		500 ～ 800	800 ～ 1000	1000 ～ 1500
强		＞ 800	＞ 1000	＞ 1500
弱	苛性碱含量 OH^-（mg/L）	35000 ～ 43000	43000 ～ 57000	57000 ～ 70000
中		43000 ～ 57000	57000 ～ 70000	70000 ～ 100000
强		＞ 57000	＞ 70000	＞ 100000
弱	总矿化度（mg/L）	10000 ～ 20000	20000 ～ 50000	50000 ～ 60000
中		20000 ～ 50000	50000 ～ 60000	60000 ～ 70000
强		＞ 50000	＞ 60000	＞ 70000

注：①表中数据适用于有干湿交替作用的情况，无干湿交替作用时，表中数值应乘 1.3 的系数。

②表中的数据适用于不冻区（段）的情况，对冰冻区（段），表中数值应乘 0.8 的系数；对微冰冻区（段），表中数值应乘 0.9 的系数。

③表中数值适用于水的腐蚀性评价，对土的腐蚀性评价，表中数值应乘 1.5 的系数；单位以 mg/kg 表示。

④表中苛性碱（OH）含量（mg/L）应为 NaOH 和 KOH 中的 OH^- 含量。

表 4-5 环境类型分类

环境类别	场地环境地质条件
I	高寒区、干旱区直接临水；高寒区、干旱区含水量 $\omega \geq 10\%$ 的强透水土层或含水量 $\omega \geq 20\%$ 的弱透水土层
II	湿润区直接临水；湿润区含水量 $\omega \geq 20\%$ 的强透水土层或含水量 $\omega \geq 30\%$ 的弱透水土层
III	高寒区、干旱区含水量 $\omega < 20\%$ 的弱透水土层或含水量 $\omega < 10\%$ 的强透水土层；湿润区含水量 $\omega \leq 30\%$ 的弱透水土层或含水量 $\omega < 20\%$ 的强透水土层

注：①高寒区是指海拔大于或等于 3000 m 的地区，干旱区是指海拔小于 3000 m、干燥系数 $K \geq 1.5$ 的地区，湿润区是指干燥系数 $K < 1.5$ 的地区。

②强透水层是指碎石土、砾砂、粗砂、中砂、细砂，弱透水层是指粉砂、粉土和黏性土。

③含水量 $\omega < 3\%$的土层，可视为干燥土层，不具有腐蚀环境条件。

④当有地区经验时，环境类型可根据地区经验划分，但同一场地出现两种环境类型时，应根据具体情况选定。

受地层渗透性影响，水和土对混凝土结构的腐蚀性评价应符合表4-6的规定。

表 4-6 按地层渗透性水和土对混凝土结构的腐蚀性评价

腐蚀等级	pH 值		侵蚀性 CO_2（mg/L）		（mol/L）	
	A	B	A	B	A	B
弱	5.0 ~ 6.5	4.0 ~ 5.0	15 ~ 30	30 ~ 60	1.0 ~ 0.5	—
中	4.0 ~ 5.0	3.5 ~ 4.0	30 ~ 60	60 ~ 100	< 0.5	—
强	< 4.0	< 3.5	> 60	—	—	—

注：①表中 A 是指直接临水或强透水土层的地下水，B 是指弱透水土层中的地下水。

②含量是指水的矿化度低于 0.1 g/L 的软水时，该类水质离子的腐蚀性。

③土的腐蚀性评价只考虑 pH 值指标，评价其腐蚀性时，A 是指含水量 $\omega \geq 20\%$的强透水性土层，B 是指含水量 $\omega \geq 30\%$的弱透水土层。

当表4-4和表4-6评价的腐蚀等级不同时，应按下列规定综合评定：①腐蚀等级中，只出现弱腐蚀，无中等腐蚀或强腐蚀时，应综合评价为弱腐蚀；②腐蚀等级中，无强腐蚀，最高为中等腐蚀时，应综合评价为中等腐蚀；③腐蚀等级中，有一个或一个以上为强腐蚀，应综合评价为强腐蚀。

水和土对钢筋混凝土结构中钢筋的腐蚀性评价应符合表4-7的规定。

表 4-7 对钢筋混凝土结构中钢筋的腐蚀性评价

腐蚀等级	水中的 Cl^- 含量（mg/L）		土中的 Cl^- 含量（mg/kg）	
	长期浸水	干湿交替	$\omega < 20\%$ 的土层	$\omega \geq 20\%$ 的土层
弱	＞ 5000	100 ～ 500	400 ～ 750	250 ～ 500
中	—	500 ～ 5000	750 ～ 7500	500 ～ 5000
强	—	＞ 5000	＞ 7500	＞ 5000

注：当水或土中同时存在氯化物和硫酸盐时，表中的 Cl^- 含量是指氯化物中的 Cl^- 与硫酸盐折算成的 Cl^- 之和，即 Cl^- 的含量 $=Cl^-+SO_4^{2-}\times 0.25$。

水和土对钢结构的腐蚀性评价应当分别符合表4-8和表4-9的规定。

表 4-8 水对钢结构的腐蚀性评价

腐蚀等级	pH 值	（$Cl^-+SO_4^{2-}$）含量（mg/L）
弱	3 ～ 11	（$Cl^-+SO_4^{2-}$）＜ 500
中	3 ～ 11	（$Cl^-+SO_4^{2-}$）＞ 500
强	＜ 3	（$Cl^-+SO_4^{2-}$）为任何浓度

注：①表中系指氧能自由溶入的水以及地下水。

②本表亦适合于钢管道。

③如水的沉淀物中有褐色絮状沉淀（铁），悬浮物中有褐色生物膜、绿色丛块，或有硫化氢的恶臭味，则应当作铁细菌、硫酸盐还原细菌的检查，查明有无细菌腐蚀。

表 4-9 水对钢结构的腐蚀性评价

腐蚀等级	pH 值	氧化还原电位（mV）	电阻率（Ω·m）	极化电流密度（mA/ cm^2）	质量损失（g）
弱	5.5 ～ 4.5	＞ 200	＞ 100	＜ 0.05	＜ 1
中	4.5 ～ 3.5	200 ～ 100	100 ～ 50	0.05 ～ 0.20	1 ～ 2
强	3.5	＜ 100	＜ 50	＞ 0.20	＞ 2

水、土对建筑材料腐蚀的防护，应符合现行国家标准《工业建筑防腐蚀设计规范》GB 50046—2008的规定。

第五章　岩土工程监测的体系构建与方案设计

岩土工程安全监测技术是伴随采矿工业、建筑工程、道路施工等的发展而逐步发展起来的。只有功能完善的岩土工程监测系统才能在采矿工程、建筑工程及铁路隧道等中起重要作用，合理的岩土工程监测体系与方案的作用不容小觑。本章主要从岩土工程的监测目的、监测内容、监测仪器的选择及监测系统的布置等方面对岩土工程监测的方案设计进行了研究，并系统阐述了岩土工程监测的体系构建等相关内容。

第一节　岩土工程监测的体系构建

一、岩土工程监测系统的结构组成

在工程中，需要有传感器与多台仪表组合在一起，才能完成信号的检测，形成了测试系统。测试系统原理结构框图如图5-1所示。

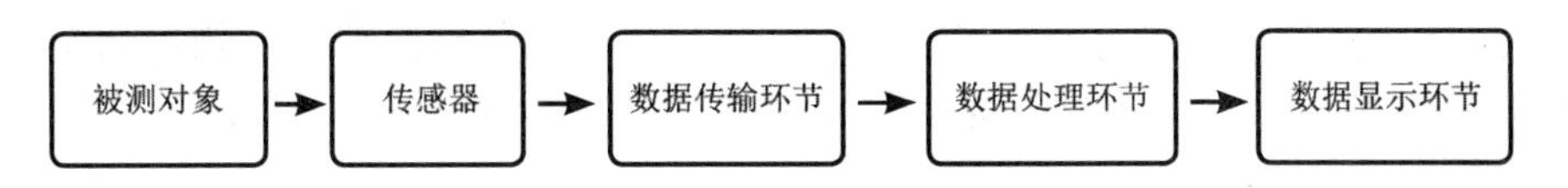

图 5-1　测试系统原理结构框图

各步骤的作用如下：

①传感器是感受被测试内容大小并输出相对应的可用输出信号的器件或装置。

②数据传输环节用来传输数据。当测试系统的几个功能环节独立分隔开时，则必须由一个地方向另一个地方传输数据，数据传输环节就是能够完成这种传输功能的环节。

③数据处理环节是将传感器输出的信号进行处理和变换。

④数据显示环节将被测试信息变成人感官能接受的形式。

（一）监测系统建立原则

按照工程地质综合集成理论，先根据地质条件分析、理论分析和专家群体经验判断来确定变形敏感区、应力集中区和可能破坏区，再在此基础上设计监测系统。在施工过程中新产生的大裂隙和塌方的部位，一般也属于重点监测部位。另外，为了进行对比分析，某些地质条件或工程上十分典型的有代表性的地段虽然不属于变形敏感区、应力集中区和可能破坏区，但也应埋设必要的监测仪器。

在现场监测中应合理确定监测范围及监测点的布置，埋设必要的量测仪器，获得数据以了解地层和地下结构中的应力场、位移场的实际变化规律，以便作为采取工程措施的依据。位移监测点应根据地质条件分析、理论预测的分布规律来布置，变化越大的地方，测点应布置得越密；离基坑或地下结构越近，测点也应越密。土层中的水平位移、土压力、孔隙水压力测点，应在预测的基础上，结合实际工程需要来布置。应力场、位移场变化剧烈的地方，测点间距宜小些，而应力场、位移场变化较小的区域，测点可以稀疏一些。在监测点优化布置的基础上，确保监测装置的坚固性和可靠性，按照监测方便实用、经济合理的原则，加强关键区的重点监测。

（二）传感器的基本特性

1. 传感器的定义

传感器是能感受规定的物理量，并按一定规律转换成可用输入信号的器件或装置，通常由敏感元件、转换元件和测试电路组成。

①敏感元件是指能直接感受（或响应）被测量的部分，即将被测量的参数通过传感器的敏感元件转换成与被测量有确定关系的非电量或其他量。

②转换元件则将上述非电量转换成电参量。

③测试电路的作用是将转换元件输入的电参量经过处理转换成电压、电流或频率等可测电量，以便进行显示、记录、控制和处理的部分。可通过静态特性和动态特性来表征性能优劣。

2. 静态特性参数指标

（1）线性度（非线性误差）

传感器的输出—输入校准曲线与理论拟合直线之间的最大偏差与传感器满量程输出之比。

（2）灵敏度

稳态时传感器输出量 y 和输入量 x 之比，或输出量 y 的增量和输入量 x 的增量之比。

（3）分辨率

传感器能检测到的最小输入增量。

（4）测量范围和量程

在允许误差限内，被测量值的下限到上限之间的范围。

（5）迟滞

输入逐渐增加到某一值与输入逐渐减小到同一输入值时的输出值不相等。

（6）重复性

传感器在同一条件下，被测输入量按同一方向做全量程连续多次重复测量时，所得输出—输入曲线的不一致程度。

（7）零漂和温漂

传感器在无输入或输入为另一值时，每隔一定时间，其输出值偏离原始值的最大偏差与满量程的百分比为零漂。而温度每升高1℃，传感器输出值的最大偏差与满量程的百分比称为温漂。

（8）动态特性

输入量为时间的函数，则输出量也应是时间的函数。

3. 常用传感器的类型

（1）差动电阻式传感器

其原理是内腔由两根弹性钢丝作为传感元件，受力后一根受拉一根受压。当受环境量变化作用时，两者的电阻值向相反方向变化，通过两个元件的电阻值的比值，测出物理量的数值。钢丝的电阻值会随温度变化而变化。

（2）钢弦频率式传感器

钢弦频率式传感器的敏感元件是一根金属丝弦，与传感器受力部件连接固定，利用钢弦的自振频率与钢弦所受到的外加张力关系式测得各种物理量。

（3）电阻应变片式传感器

利用金属电阻应变片，将机械构件上应变的变化转换为电阻变化的传感元件。

（4）其他

电容式传感器、磁电式传感器、压电传感器、光纤传感器、电感式传感器等。

（三）监测仪器的选择和标定

监测仪器和元件的选择主要考虑四方面。

1. 仪器技术性能要求

可靠性、使用寿命、坚固性和可维护性、精度、灵敏度和量程。

2. 仪器埋设条件

要求对同一监测目的的仪器，在性能相同或差别不大时，选择在现场易于埋设的仪器设备；施工要求和埋设条件不同时，选择不同仪器。

3. 仪器测读方式

要求选择操作简便易行、快速有效和测读方法尽可能一致的仪器设备；对于可与其他监测网联网的监测，根据监测系统统一的测读方式选择。

4. 仪器选择的经济性

监测仪器的质量标准：可靠性和稳定性；准确度和精度；灵敏度和分辨率；监测仪器的适用范围和使用条件；变形观测仪器；压力（应力）观测仪器；其他仪器和传感器的标定。标定（又称率定）是利用精度高一级的标准器具对传感器进行定度的过程，从而确定其输出量与输入量之间的对应关系，同时也确定不同使用条件下的误差关系。分为静态标定和动态标定。

对于岩土工程来说，在一定条件下都有可能发生塌方事故，造成损失。作为塌方等工程事故防治的重要措施之一，对工程岩土体和有关建筑物可能发生或正在发生的变形破坏进行位移的动态监测预报是非常重要的。为此，需要针对根据待建的岩土工程的地质条件、工程条件和仪器条件建立起高效而经济的位移监测系统进行位移监测。一般而言，可起到如下作用：

①帮助确定边坡岩土体当前所处的状态。

②预报边坡岩土体变形破坏的发展趋势。

③评价工程处理效果，指导设计和施工。

毫无疑问，岩土工程的位移监测是工程塌方等事故防治的研究、相应设计及施工不可缺少的部分。

为了建立一个高效而经济的监测系统，应选择测读方便、结果可靠、便于现场保护、单点单次监测成本低的仪器。由于各种便携式倾斜仪通常具有上述优点，所以，便携式监测仪器已成为监测技术研究的重要方向。

二、岩土工程监测系统的建立

（一）应变监测系统的构建

应变监测是现阶段评估和预测岩土工程稳定性的一个重要手段，它为工程监测提供精确、可靠的基础性变形数据。随着国民经济的发展，一方面，岩土工程的规模逐步扩大，人们对工程施工过程和现役工程长期监测的重要性认识不断深入；另一方面，计算机技术应用到岩土工程建设中，将促进应变监测信息化系统的快速发展。

岩土工程应变监测系统的构建除需要结合岩土工程应变监测的典型特点外，更重要的是必须综合考虑以下四个方面：

①应变监测仪器的布置。

②现场监测仪器的能量供给。

③数据的自动采集、存储和传输。

④监测数据分析与评估以及超限报警。

结合前人的研究成果和应变监测的典型特点，岩土工程应变监测系统可以依据以下九点准则进行构建：

①可靠性原则。

②多层次原则。

③优先监测关键部位原则。

④分期监测原则——前期、施工、后期监测。

⑤自动化、智能化原则。

⑥高效原则——准确测量应变数据和及时反馈信息。

⑦无干扰和少干扰的原则。

⑧可视化、可扩展原则。

⑨经济合理原则。

（二）基础地质信息的采集

基础地质信息的采集（包括施工基础地质信息），包括地形地貌信息，地层、岩性、地质构造信息，围岩（岩体）类别信息，岩土体力学性质信息等，是合理建立监测系统，获取宏观地质资料的先决条件。对地下工程而言，围岩分类具有特别重要的工程意义，主要表现在：

①正确划分围岩类别是应用工程类比分析方法制定喷锚支护设计的首要条件。

②监控量测断面的选取，必须以围岩分类为基础，选择有代表性的地段。

③为岩石力学理论分析服务的原位岩体力学参数试验，试样位置的选取必须

以其围岩类别与计算断面一致为前提条件，力学介质模型的选择通常与围岩类别有关。

④制定施工方案、确定施工方法、选择施工机具、计算施工定额、安排施工计划以及工程造价估算，工程概、预算等，围岩分类均为其基本依据。对地表工程，如滑坡整治工程而言，控制性结构面、岩土体力学性质等，都是重要的基础地质信息。对所获取的基础地质信息，必须进行综合分析，充分应用到岩土工程监测中来。

（三）现场量测信息的采集

现场量测信息包括位移信息、应力信息、压力信息等。如何采集现场量测信息以及所获得的这些信息是否客观、真实、可靠，是岩土工程监测成败的关键。目前，岩土工程监测信息的采集一般采用机械式、电子式和自动遥测传输等方式；信息的处理在主要依靠传统数理统计方法的同时，引入了一些非线性处理方法及神经网络处理技术，但研究程度还不高，有待于进一步的研究和工程实践的检验。

第二节　岩土工程监测方案设计与实施

一、岩土工程监测的工程方案设计

岩土工程监测的工程方案设计是整个工程设计的一个重要组成部分，必须与其他设计（如结构设计、地基处理等）一样，尽量做到优化。它是从确定目标开始，到仪器操作和资料分析，提出评价为止的一项综合工程技术。设计的内容应包括监测的条件、范围、目的、监测仪器设备的选择及监测系统的设计等。监测在具体设计中要重点解决以下几个问题：

（一）明确监测目的

监测目的必须根据工程条件确定。对高层建筑来说，监测目的主要有：基坑边坡安全（边坡的受力、变形）；上部结构及地基基础稳定性（内力、位移、垂直偏差、偏差率）；建筑施工对周围环境的影响（周围建筑物、地下管线的受力、位移、震动、开裂）；以及验证基础、结构等的设计合理性，并提出改进方案；验证设计计算的准确性；反推设计计算参数或计算结果修正系数；提供围护结构体总体及局部的稳定、安全情况，在预先确定结构破坏报警值的情况下预先报警。

（二）明确监测内容及项目

明确监测地点所处的条件，如工程地质和水文地质条件；土建工程设计条件，特别是基础设计条件；建筑施工的条件（施工速度、方法、季节等）。在对各种条件进行分析的基础上，结合必要的试验手段，查清建筑工程的薄弱点和敏感区，确定岩土工程问题，从而确定监测项目和监测方法，位移的监测方法与围护结构体的位移监测方法相同。值得一提的是，土压力的测定，测定土压力常见的仪器有两类：一类是电磁式的；另一类是钢弦式的。无论是哪种土压力盒，测试的关键在于土压力盒的埋设和电路系统的保护，通常情况下往往由于埋设的质量产生伪数据或由于电路系统的破坏而得不到测试结果。

（三）监测仪器的选择和标定

如：对基础及上部结构的安全监测，就要根据地基基础设计规范，要求监测建筑物的地基变形是否超出允许值；由于建筑物的垂直偏差与地基沉降有关，同时反映了上部结构的施工质量，也是重要的监测项目；对于引起基础沉降的柱、墙内力和沉降的监测，不仅有利于分析建筑物沉降和沉降差的原因，也可以校核和改进地基基础设计。而仪器的选择，应本着在质量上可靠性和稳定性最优、准确度和精确度最高、灵敏度和分辨力最强，在设备上结构构造最简易，在安装的环境中最耐久，对环境条件（气候、水等）敏感性最小，并具有良好的运行性能的原则选择。如沉降观测、柱子和桩基变形的原位监测宜选用精密水准仪和铟钢尺进行二等水准测量；对建筑物水平位移和各层轴线偏差的监测宜选用经纬仪、钢尺等测量工具。

（四）监测系统的合理布置

监测系统是一个由监测设备、测点、进行资料信息转换和处理设备等组成的、协调一致的整体，是根据工程的具体情况来确定的。在明确监测目的、项目和仪器选型的基础上，它的布置主要考虑测点和观测仪器的设置。在设置时要注意时空关系，控制关键部位；要突出重点，兼顾全局；要满足建立安全监测数学模型的需要；要力求达到少而精。如在基础及上部结构的安全监测中，对沉降观测、建筑物水平位移和各层轴线偏差的监测及柱和桩基变形的原位监测是长期性的监测，其测点要选择角中点、边中点、面中点等有代表性的部位，特别是受力较大的控制部位。观测时一般要从施工期开始，直至沉降或位移基本稳定。有时还需要延长至若干年，以便捕捉到某些特殊条件下的受载情况。施工开始时的观测频率要高，逐渐降低，使用期内的观测频率更低，根据监测的目的选择停止观测的标准。而对一次性的测试或短期监测，观测点的布置要带有随机抽样的性质（如地基承载力和变形的监测、单桩承载力和变形的监测等）。

二、岩土工程监测系统的测点布置

（一）土压力监测点布置

土压力监测点平面上应布置在基坑周边的中间部位，因为此位置土压力发展变化最大，在剖面上应布置在与围护墙体的接触界面上，此位置可以直接反映围护结构体的受力状况，沿剖面上下应均匀布置，一般每个剖面不少于4点。

（二）坑底隆起监测点布置

①监测点宜按纵向或横向剖面布置，剖面宜选择在基坑的中央以及其他能反映变形特征的位置，剖面数量不应少于2个。

②同一剖面上监测点横向间距宜为10～30 m，数量不应少于3个。

（三）坑外土体沉降监测点布置

坑外土体沉降监测点宜布置在基坑周边中间部位并垂直于基坑开挖面，最外一点测点距基坑开挖面的距离不小于围护墙体的入土深度，因为最大沉降往往发生在与基坑开挖深度相当的基坑外位置。

（四）坑外土体水平位移监测点布置

坑外土体水平位移监测点的平面布置原则与土压力监测点布置相同，最佳布置为与土压力测点相近，一般情况下坑外土体水平位移的监测可以用围护墙体的位移替代。这样布置的目的在于便于进行土压力与变形的关系分析。

（五）岩土工程监测技术要求

岩土工程监测是隐蔽性较强、精度和准确度要求较高的工程，因此，它在技术上要求较高，其主要内容是做好监测的施工组织设计。如确定长期监测项目，合理选择仪器设备，测点及仪器的合理布置，监测的方法、时间、频率、进度计划，监测质量的标准及控制保证，观测数据的处理和分析方法以及检测人员的素质要求等。施工组织设计对于正确确定监测系统布置、优化设计方案、合理组织施工、保证工程质量、避免与总体工程相互干扰、缩短工期、降低造价都有十分重要的作用。

三、岩土工程安全监测的资料分析与信息反馈

（一）基础监测资料的分析方法

根据经验，工业和民用建筑物地基基础监测资料的分析方法主要有以下几种：

1. 定性分析法

考察影响监测资料的各种因素，特别是时间因素，研究其与监测资料一般规律和特征的符合程度，遇有不符合或异常情况，要认真查明原因；在分析监测数据对工程的影响时，可参照已有工程的经验和实测数据。

2. 统计分析法

由于建筑物地基基础施工存在明显的时间效应，因此采用统计回归方法对监测资料进行拟合分析，并对未来趋势进行预测预报是可行的。如：对基坑开挖引起的周围地下管线的位移监测分析。

3. 确定性分析法

综合考虑应力、土性、含水量等多种因素的影响来选择介质材料（土体）的性态模型。如黏土地区可选择比奥（Biot）固结理论，邓肯—张模型和 剑桥模型也是应用较多的非线性弹性模型和弹塑性模型。在应用以上方法进行资料分析的基础上，更要做好安全预报工作，根据具体情况，考虑各种因素，确定报警标准。如：在分析基坑开挖报警时，要把水平位移大小与位移速率结合起来，考察其发展趋势，不能孤立分析，盲目报警也可对工程造成一定的经济损失。

（二）监测资料的信息反馈

岩土工程安全监测的作用除了进行安全预报以外，还可利用监测资料的信息反馈对设计施工方案进行优化，直接指导施工，对运行控制方案进行调整优化（分析评判工程安全稳定状态和运行控制方案）的作用等。即利用监测资料反映的实际情况，来解决常规设计方法难于应用的岩土工程设计施工问题。如：解决建筑物基础、地下硐室围岩和边坡滑移面等复杂多变、事先难以确定的实际状况。因此，在做好监测资料分析的基础上，必须加强监测资料在信息反馈中的作用，实施信息化施工。

四、岩土工程信息化施工监测系统

岩土工程活动使地面或上部地层初始应力场平衡遭到破坏，产生了应力，导致地形变。表现为沉陷，隆起，土地的滑移及开裂，工程施工中出现基坑失稳，地基不均匀沉降。这些岩土工程环境的变化，若处理不当，不仅影响施工安全，也会危及邻近建筑和地下设施（地下管线），严重时会发生事故；有时为防止事故发生，采用过于保守的设计和施工，这无疑会造成很大的浪费，如：地下建筑、基坑开挖、疏干排水、打桩挤压、盾构掘进以及高层或地面荷载悬殊差异等，如此类岩土环境工程问题——岩土环境对人类工程活动的承受能力，工程活动对岩土环境影响的评估，以及在特定岩土环境条件下为实现人类工程活动所需的措施已引起岩土工程人员极大的重视和物探人员的关注。

由于岩土本身就是一种极复杂的介质，加之工程各异，场地地质条件复杂，勘察的随机性、局限性（岩土参数测定和取值）以及学科水平目前还不能从理论和模拟计算上准确预估岩土的变形量，因此工程活动中通常采用监测手段，依据监测资料，结合设计、施工、场地及周边环境条件，进行综合分析、测报，为验证或修改设计、变更施工方案提供依据，确保工程安全顺利进行，实现工程的最优化，如图5-2所示，这个过程有的也称之为信息化施工。

一些发达国家，将环境岩土工程的监测列入规范，监测工作贯穿于工程的全过程，监测仪器向连续，自记，快速处理，打印显示，高灵敏度，高精度和系列化方向发展，注重开发人工智能专家系统进行分析、测报，但目前还处在资料汇集、储存、处理，做出初步的判断、侦错、分析和提出预警的初级阶段，具备预测、诊断、修订设计、监测和控制等功能，但还未能集中学科的知识。

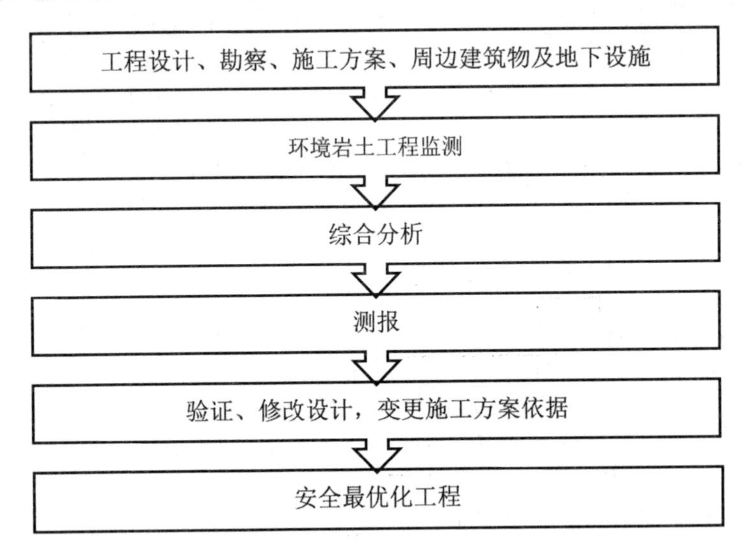

图 5-2 信息化施工监测系统框图

国内对环境岩土工程的监测尚属起步，且日渐被重视，建设部1992年颁发的《软土地区工程地质勘察规范》（JGJ83—91）做出了规定。一些重大工程不同程度地进行了变形、变位和应力的监测，取得了良好的效果，上海地铁区间隧道盾构施工的现场监测，就是一项成功的实例，其沉降控制达到了国际先进水平，近年来还研制出一批国产监测仪器，预期不久将出台监测规范，可以设想环境岩土监测将规范化地健康发展。

第六章 基坑工程监测技术

基坑工程是指在建筑的地下工程施工时的支护结构施工、降水、土方开挖回填等工程的总称，包括勘察、设计、施工、监测和检测等，是一项综合的系统工程，其中一个非常重要的项目就是基坑的支护结构体系，它关系基坑施工的安全和基坑周边建筑物及其他附属设施的安全。本章主要从基坑监测原理、基坑监测的仪器选择及基坑变形监测等方面对基坑工程监测技术进行了系统研究。

第一节 基坑工程监测概述

一、深基坑工程发展现状与问题

（一）深基坑工程发展现状

基坑是建筑工程的有机组成部分，也是一个古老而有时代特点的岩土工程课题，其发展与城市化的发展密切相关，是利用土地资源的有效方式之一，它随着大量高层、超高层建筑以及地下工程的不断涌现而出现。人类地下工程促进了基坑的发展，特别是20世纪30年代（我国主要是80年代）以来，高层建筑和地下工程的兴起对基坑的要求越来越高，出现的问题也越来越多。

20世纪30年代，太沙基（Terazghi）等人已开始研究基坑中的岩土工程问题。在以后的时间里，世界许多国家的学者都投入了研究，并在这一领域取得丰硕的成果。基坑工程在我国的广泛出现，起于20世纪80年代初期，随着高层、超高层建筑的大量出现，相应基础埋深不断增加，开挖深度也就不断增加，特别是到了90年代，大多数城市都进入了大规模的旧城改造阶段，面对繁忙的交通，地铁车站深基坑施工渐渐多起来，在繁华的市区进行深基坑开挖给人们提出了新的课题。

20世纪60年代在奥斯陆和墨西哥城软黏土深基坑中使用了仪器进行监测，此后的大量实测资料提高了预测的准确性，并从70年代起，产生了相应的指导开挖的法规。从80年代初开始我国逐渐涉入深基坑设计与施工领域，在深圳地区的第一个深基坑支护工程率先应用了信息施工法，大大提高了对工程安全的控制。进入90年代后为了总结我国深基坑支护设计与施工经验，开始着手编制深基坑支护设计与施工的有关法规，并于1999年9月1日开始施行《建筑基坑支护技术规程》。

随着超大深基坑工程的涌现，对基坑开挖技术提出了更高、更严的要求，即不仅要确保边坡的稳定，而且要满足变形控制的要求，确保基坑周围的建筑物、地下管线、道路的安全。为了准确估计由于开挖引起的土体和支护系统的变形，一方面可使用已成功应用的有限元等现代分析工具，另一方面却取决于土的计算参数选取的正确性。常规的室内试验方法已不足以确定预估位移的关键参数，只有把室内试验与原位测试技术结合起来，并通过现场实测变形数据，才能反映数据的真实性。

与分析、计算方法的进步相对应的是基坑开挖与支护技术的发展，出现了许多新的支护结构形式与稳定边坡的方法。维护边坡稳定，传统的做法是板桩支撑系统。其优点是支撑材料可以回收，但却存在许多致命弱点，如支撑往往是在开挖之后施加的，以致变形难以避免；拔出板桩时仍旧会引起边坡体的进一步变形等。因此，在建筑物密集的城区周围有建（构）筑物及地下设施的场地，选用传统方法受到许多限制，处置不当还会造成事故。

目前深基坑支护型式主要分为两大类，即支挡型和加固型。其中支挡型结构主要有排桩支挡结构、地下连续墙以及内支撑或锚杆结合的复合型结构等；而加固型结构主要有水泥搅拌桩、高压旋喷桩、网状树根桩以及新近发展并广泛应用的喷锚结构、士钉墙结构等。

（二）深基坑工程存在的问题

深基坑支护工程是基础施工所必需的临时结构，基坑支护的施工造价与施工方案及其设计的合理性密切相关，合理的施工方案是影响整个工程进度与造价的关键。就目前来看，深基坑主要有以下问题：

1. 施工的组织与控制

一套良好的设计方案必须配合科学的施工组织与控制才能较好的发挥作用。对基坑开挖施工，除严格控制开挖程序外，还应通过各种监测措施动态监测基坑边坡以及支护结构的变化过程，以便及时调整设计或施工方案，对深基坑支护体系实行动态优化控制，排除不安全因素。

2. 支护结构与土的相互作用

这是经典土压力理论及现行设计方法与实际情况不相适应的主要原因。譬如土钉墙结构，一般认为是土钉与土体组成复合体，共同维持边坡的稳定和承受各类地面超载所产生的外力作用。但在这一认识中，没有弄清复合体在承力过程中，土钉与土体各自所扮演的角色。

3. 经典的土压力理论的检验与修正

根据大量的工程实践和现场测试分析得出，现行的土压力理论，无论是郎肯理论、还是库伦理论，在实际应用中都存在一定的差距。具体表现为：由土压力计算理论得到的主动土压力计算值一般大于等于实测值。差异的大小随土质类型的不同而有所区别。

造成上述结果的原因主要有两个方面。一是计算理论本身的计算假定及极限平衡方法与实际地质条件的差异，而且抗剪强度理论中对 C、φ 值物理含义的定义上也存在模糊性，在一定程度上影响着计算结果的合理性。另外，支护结构与土的相互作用，也使得实际压力的分布与理论有较大出入。

4. 设计计算理论与基坑原型不匹配

基坑岩土具有模糊性、不确定性、非线性等特点，而支护结构需要适应的是动态变化的环境条件，显然就目前的静态设计思路和相应的计算理论，与实际情况相差很多。

5. 支护方案与基坑场地土质及环境不适宜

面对一个基坑，如何根据地基土性状、基坑深度、平面形态、建筑物平面布置和周围环境设施的具体特点，选择合理的支护方案，是很重要的。

二、深基坑安全监测及预测预报研究现状

20世纪以来，在国外由于超高层建筑及高层建筑的大量涌现，部分建筑基坑开始采用仪器进行监测，在20世纪60年代初期，已开始在奥斯陆和墨西哥软土深基坑中使用仪器进行全过程的监测。经过约30年的发展，国外20世纪90年代就出现了监测电脑数据采集系统。我国的深基坑全方位监测于20世纪90年代才开始起步。在深基坑的研究方面，国外主要侧重于支护设计和施工技术的研究，缺乏对监测分析、信息反馈及预测的自动化研究。安全监测工作的开展在国内外带动了一大批监测仪器的研制和使用，如基康（Geokon）仪器主要用于大坝、隧道、边坡、桥梁等工业及民用结构的安全监控，在我国的三峡工程，小浪底水利工程等工程中已有应用；新柯（Slope Indicator）公司已可提供用于岩土及结构位移、应力监测的传感器及一些相应的数据处理等软件，我国北京、武汉、南京等地也有研制单位在生产专业的监测仪器。

近十多年来，国内外对地下深基坑安全监测工作越来越重视，许多学者已开始对基坑边坡安全监测工作进行研究。由于动态设计及信息化施工技术的提出，国内外学者对深基坑预测预报技术进行了更为深入的研究。现在常用的深基坑预测预报分析方法有神经网络预测预报方法、实时建模分析预测预报法、模糊数学预测预报分析法以及灰色系统预测预报法。张文波研制了边坡监测信息微机管理系统、该系统利用 Foxbase、Fortran 等混合编程，具有对边坡监测资料进行数据管理、数据处理、变形预报以及绘图等功能。钟正雄研究建立了基坑监测数据库管理系统，该系统能将基坑监测信息的各种信息按数据库格式输入，其中包括一

些不确定的信息，并能客观的评价监测项目的稳定状态，设置含报警及相应的规程和规范指标等窗口。胡友健研究了深基坑监测数据处理与预测报带系统，该系统对深基坑的监测数据实施数据库进行管理，利用灰色系统理论建立变形预测模型，采用定性和定量指标进行深基坑工程极限状态的分析判别与险情预报。贺可强根据深基坑变形的特征，用神经网络建立了深基坑变形的实时预报模型，编制了用于预报的神经网络程序。赵海燕体提出了非线性变形动态趋势曲线，可对基坑开挖每一阶段的变形采用函数形式定量地表示，并通过具体的工程算例进行了验证，该曲线改进了以往仅凭经验难以预测的特点。

岩土工程中反分析的思想最早由卡旺（Kavangh）等人提出，根据试验得到应变和位移反演材料特性参数。国内外近些年对岩土工程反分析方法研究比较多，但以上研究多是在岩土力学领域里展开，对基坑开挖的反分析研究较少。主要有乔达（Gioda）提出了根据现场量测挡土结构位移来计算作用于墙体上的土压力分布估计的最小二乘法。张鸿儒在有限元分析的基础上，提出了深基坑分级开挖中土层参数估计法及参数估计精度的基本方法。时蓓玲在前人研究的基础上，根据位移反分析原理确定参数，对基坑变形及其安全性进行随机预测。赵振寰以二维有限元正分析为基础，运用非线性规划中的单纯形法进行软土地区深基坑开挖的反分析。

第二节　基坑监测技术与原理

基坑工程施工现场监测的内容分为两部分，即围护结构本身和相邻环境，如表6-1所示。围护结构中包括围护桩墙、支撑、围檩和圈梁、立柱、坑内土层、坑内地下水等六部分。相邻环境中包括相邻土层、地下管线、相邻房屋、坑外地下水等四部分。

表 6-1 基坑工程现场监测内容

序号	监测对象	监测项目	监测元件与仪器
（一）	围护结构		
1	围护桩墙	桩墙顶水平位移 桩墙顶沉降	经纬仪 水准仪
		桩墙深层挠曲	测斜仪
		桩墙内力	钢筋应力计、频率仪
		桩墙上水土压力 水压力	土压力盒、频率仪 孔隙水压力计、频率仪
2	支撑	支撑轴力（混凝土） 支撑轴力（钢支撑）	钢筋应力计或应变计、频率仪或应变仪钢筋应变计或应变片、频率仪或应变仪
3	围檩和圈梁	内力 水平位移	钢筋应力计或应变计、频率仪或应变仪、经纬仪

续表

序号	监测对象	监测项目	监测元件与仪器
4	立柱	垂直沉降	水准仪
5	坑内土层	垂直隆起	水准仪
6	坑内地下水	水位	钢尺、钢尺水位计、水位探测仪
（二）	相邻环境		
7	相邻土层	分层沉降	分层沉降仪
		水平位移	经纬仪
8	地下管线	垂直沉降	水准仪
		水平位移	经纬仪
9	相邻房屋	垂直沉降	水准仪
		倾斜	经纬仪
		裂缝	裂缝监测仪
10	坑外地下水	水位	钢尺、钢尺水位计、水位探测仪
		分层水压	孔隙水压力计、裂缝仪

一、现场观察和描述

现场观察和描述的主要内容包括以下几点。

①围护结构和支撑体系的施工质量。

②围护结构是否有渗漏水，渗漏水的位置和多少。

③施工条件的改变情况。

④坑边和支撑上堆载的变化。

⑤地表降水、施工用水的排放情况。

⑥基坑周围的地面裂缝。

⑦围护结构和支撑体系的工作失常情况。

⑧邻近建筑物和构筑物的裂缝。

⑨流土或局部管涌现象等。

⑩施工进度与施工工况。

二、围护墙顶沉降监测

方法：水准测量，是利用一条水平视线，并借助水准尺来测定地面两点间的高差，这样就可由已知点高程推算出未知点高程。

实质：确定地面两点间的高差，然后通过已知点的高程，求出未知点的高程。

高差法：

$$h_{AB}=a-b，H_B=H_A+h_{AB} \tag{6-1}$$

仪器高法（视线高法）：

$$H_i=H_A+_a，H_B=H_i-b \tag{6-2}$$

仪器：水准仪。

要求：在一个测区内，应设3个以上基准点；基准点要设置在距基坑开挖深度5倍以外的稳定地方。

测点设置：用铆钉枪打入铝钉；钻孔埋设膨胀螺丝；涂红漆标记。

三、围护墙顶水平位移监测

（一）监测仪器

水平位移的监测仪器为经纬仪。望远镜与竖盘固定连接，安装在仪器的支架上，这一部分称为仪器的照准部，属于仪器的上部。望远镜连同竖盘可绕横轴在垂直面内转动，望远镜的视准轴应与横轴正交，横轴应通过水盘的刻画中心。照准部的数轴（照准部旋转轴）插入仪器基座的轴套内，照准部可以做水平转动。

（二）监测方法

1. 轴线法或视准线法

沿基坑边线或其延长线上的两端设置永久工作基点 A、B，A、B 两点形成的直线即为视准线，在视准线上沿基坑边线按照需要设置若干测点，定期观测这排测点偏离固定方向的距离并加以比较，即可求出测点的水平位移量。

2. 小角度法

该方法适用于观测点零乱、不在同一直线上的情况。在离基坑（填方）4～5倍的开挖深度（高度）距离的地方，选设测站 A，若测站至观测点 T 的距离为 S，则在不小于$2S$ 的范围之外，选设后方点 A'。为方便起见，一般可选用建筑物棱边或者避雷针等作为固定目标 A'，用 J2经纬仪测定 β 角，角度测量的测回数

可根据距离 S 及观测点的精度要求而定，一般用2～4测回测定，并丈量测站点 A 至观测点 T 的距离。为保证 β 角初始值的正确性，要二次测定。以后每次测定 β 角的变动量，按下式计算 T 的位移量：

$$\Delta T=\Delta\beta/\rho\times S \tag{6-3}$$

式中：$\Delta\beta$ 为 β 角的变动量（″）；

ρ 为换算常数，$\rho=3600\times180/\pi=206265$；

S 为测站至观测点的距离（mm）。

如果按 β 角测定的误差为 ±2″，S 为100 m，代入式（6-3），则位移值的误差约为 ±1 mm。

四、深层水平位移测量

深层水平位移就是测量围护桩墙和土体在不同深度上点的水平位移。当被测土体产生变形时，测斜管轴线产生挠度，用测斜仪测量测斜管轴线与铅垂线之间夹角的变化量，从而获得土体内部各点的水平位移。

（一）监测仪器

深层水平位移测量设备配备主要是测斜仪，其一般由探头、电缆、数据采集仪（读数仪）组成。探头的传感器型式有伺服加速度计式、电阻应变片式、钢弦式、差动电阻式等多种型式，目前使用最多的是伺服加速度式。测斜仪是通过测量测斜管轴线与铅垂线之间夹角变化量，来监测围护墙体、土体深层侧向位移的高精度仪器。

（二）监测原理

1. 电阻应变片式测斜仪

探头内有一青铜弹簧片做的下挂摆锤，弹簧片两侧各贴两片电阻应变片，构成差动可变阻式传感器，使之在弹性极限内探头的倾角与电阻应变读数呈线性关系。

2. 伺服加速度计式测斜仪

探头内有一个受重力作用的摆锤，并布置有力平衡伺服加速度计，其内部的位置传感器可以探测摆锤的位置，并且提供足够的恢复力使摆锤回到其铅直零位置。此恢复力的大小可转变成电信号输出，在测读仪上显示为倾斜量的测值。

3. 伺服加速度计式测斜仪的计算

当土体内发生位移时，埋入土体中的测斜管随土体同步位移，通过逐点测量测斜管内测斜探头轴线与铅垂线之间的倾角值，可计算各点偏离垂线的水平偏差：

$$\delta_i = L_i \times \sin\varphi_i \tag{6-4}$$

式中：L_i 为第 i 量测段的长度，通常取为0.5 m、1.0 m 等整数，单位 mm；

φ_i 为第 i 量测段的倾角值，单位 °。

以管口为参照点，并从管口向下第 n 个测点的水平偏差值为：

$$\delta_n = \delta_0 + \sum_{i=1}^{n} (L \times \sin\varphi_i) \tag{6-5}$$

式中：L 为量测间距（mm）；

δ_0为管口的水平位移值（mm）。

第 n 个测点的水平位移 Δn：

$$\Delta n = \delta_n - \delta_{0n} = \Delta_0 + \sum_{i=1}^{n} [L \times (\sin\varphi_i - \sin\varphi_{0i})] \tag{6-6}$$

式中：δ_{0n} 为从管口下数第 n 个测点处的水平偏差初始值；

φ_{0i} 为从管口下数第 n 个测点处的倾角初始值；

Δ_0为实测的管口水平位移。

（三）监测操作方法

①测斜管埋设。

a. 绑扎埋设：测斜管绑扎于桩墙钢筋笼上，随钢筋笼一起下到孔槽内。

b. 钻孔埋设：钻孔—放测斜管—回填孔隙。

②测斜管口应可靠固定，并做好水平位移测点的标记，每次测斜前，先用测量方法测读管口水平位移，以这个读数作为测斜的基准读数。

③每次测读前，应将测斜传感器放在管底停留几分钟，使传感器的温度与管内水温一致。最下面一点的位置应是从管口向下几倍传感器滑轮中心距。

④从下而上，每提一个滑轮中心距就读一次数，直到管口。

⑤将传感器探头旋转180°，重复步骤4操作，完成一个测回。可以进行多个测回读数，检查多次重复读数的误差，取平均值作为测量结果。

（四）操作说明及注意事项

1. 操作说明

①埋设好测斜管时不可能是铅垂线，因此必有初始水平偏差值。

②当管底不动时，则以管底为参照点，从下往上计算各测点的水平偏差。

③可以依次测两个相互垂直方向的位移，并求得位移总量和方向。

④按一定比例绘制出水平位移随深度变化的曲线，即围护桩墙深层曲线。

2. 注意事项

①在管节连接时必须将上、下管节的滑槽严格对准。

②避免管子的纵向旋转。

③测斜管的一对凹槽与欲测量的位移方向一致（垂直基坑边线方向）。

④用清水将测斜管内冲洗干净。

⑤可先用模型探头检查测斜管导槽是否正常可用。

⑥需测量测斜管导槽的方位、管口坐标及高程。

⑦在测斜管外部设置金属套管或砌筑窨井并加盖。

五、基坑回弹监测实务

基坑回弹是开挖土体卸载过程引起的基坑底面及坑外一定范围内土体的回弹变形或隆起。

（一）监测仪器

基坑回弹监测配备的主要仪具有全站仪1台，精密水准仪1台，2 m或3 m因瓦水准尺一对，重锤或拉力计一个(与钢尺检定时一致)，吊挂尺用滑轮一个，卡具一副，2～3 m高的三角架一副，经检定过的15～30 m专用钢尺一盘，温度计(1℃刻划)一支，标杆(或标钎）若干，回弹测标若干以及基本水准标石若干(设置基准工作点用）和2 mm粗尼龙绳若干米(供引挂钢尺用）等。

（二）监测原理

从土力学理论知，当土体未被开挖处在相对稳定时，其应力状态是不发生改变的，其体积是相对稳定平衡的。若土体的应力平衡条件发生变化，其土体的体积也将发生相应的变化。当我们进行大面积深基坑开挖时，上部的地基土被挖除，因而改变了原土体的应力平衡条件，出现基坑底面与基坑周围土体的回弹变形现象。而从地基土的回弹现象可以观察到，坑壁对土体有一定的回弹制约力，因此，离坑壁越近，地基土回弹量越小。

（三）埋设方法

在此处主要提供两种埋设方法，具体方法操作过程如下：

方法一：用钻机在预定孔位上钻孔，孔深由沉降管长度而定，孔径以能恰好放入磁环为佳。放入沉降管，沉降管连接时要用内接头或套接式螺纹，使外壳光滑，不影响磁环的上、下移动。在沉降管和孔壁间用膨润土球充填并捣实，至底部第一个磁环的标高再用专用工具将磁环套在沉降管外送至填充的黏土面上，施加一定压力，使磁环上的三个铁爪插入土中，然后再用膨润土球充填并捣实至第二个磁环的标高，按上述方法安装第二个磁环，直至完成整个钻孔中的磁环埋设。

方法二：在沉降管下孔前将磁环按设计距离安装在沉降管上，磁环之间可利用沉降管外接头（或定位环）进行隔离，成孔后将带磁环的沉降管插入孔内。磁环在接头处遇阻后被迫随沉降管送至设计标高。然后将沉降管向上拔起1 m，这样可使磁环上、下各1 m 左右范围内移动时不受阻，然后用细砂在沉降管和孔壁之间进行填充至管口标高。

（四）监测点设置

一般在基坑平面的中心及通过中心的纵横轴线上布置监测点。基坑不大时，纵横断面各布置一条测线；基坑较大时，可各布置3～5条测线，各断面线上的监测点必要时应延伸到基坑外一定范围内。

六、土压力监测

（一）监测设备

土压力传感器，简称土压力盒，较常用为钢弦式土压力盒。

（二）监测原理

钢弦式土压力计由承受土压力的膜盒和压力传感器组成，压力传感器是一根张拉的钢弦，一端固定在薄膜的中心，另一端固定在支撑框架上，土压力作用于膜盒上，膜盒变形，薄膜中心产生变化，测定钢弦的自振频率，就可换算出土压力值。

（三）埋设方法

1. 挂布法

挂布法的基本原理是将土压力传感器按监测方案设定的布设位置，首先安装在预先制备的尼龙或帆布挂帘上，然后将尼龙或帆布平铺在钢筋笼表面并与钢筋笼绑扎固定。挂帘随钢筋笼一起吊入槽孔，放入导管浇筑水下混凝土。由于混凝土在挂帘的内侧，利用流态混凝土的侧向挤压力将挂帘连同土压力传感器一起压向土层，随水下混凝土液面上升所造成的侧压力增大迫使传感器与土层垂直表面贴紧。

2. 顶入法

顶入法有气顶和液压顶两种方法，其基本原理是将土压力盒安装在小型千斤顶端头，将千斤顶水平固定在钢筋笼对应土压力量测的位置。在钢筋笼吊入槽段后，通过连接管道将气压或液压传送驱动千斤顶活塞腔，利用千斤顶活塞杆将压力盒推向槽壁土层。当读数表明压力盒表面与槽壁土层有所接触后，适当增大推力以读取压力盒初始值，维持该值直至流态混凝土液面抵达压力盒所在的标高以上再卸载。

3. 钻孔法

对于因受施工条件或结构形式限制，只能在成桩或成墙后埋设压力盒的情况，通常采用在墙后或桩后钻孔、沉放和回填的方式埋设。

钻孔法埋设测试元件工程适应性强，特别适用于预制打入式排桩结构。另外，钻孔位置与桩墙之间不可能直接贴紧，需要保持一段距离，因而测得的数据与桩墙作用荷载相比具有一定近似性。

4. 弹入法

由弹簧、钢架和限位插销三部分组成。首先将装有压力盒的机械装置焊接在钢筋笼上，利用限位插销将弹簧压缩储存向外弹力的能量，待钢筋笼吊入槽孔之后，在地面通过牵引铁丝将限位插销拔除，由弹簧弹力将压力盒推向土层侧壁，根据压力盒读数的变化可判定压力盒安装状况。

（四）监测点设置

监测点的设置要按照具体情况确定，基坑边坡顶部的水平和竖向位移监测点应沿基坑周边布置，周边中部、阳角处应布置监测点。监测点水平和竖向间距不宜大于20 m，每边监测点数目不宜少于3个。水平和竖向位移监测点宜为共用点。

七、土体分层沉降监测

土体分层沉降是土层内离地表不同深度处的沉降或隆起，通常用磁性分层沉降仪量测。

（一）监测仪器

测量仪器为磁性分层沉降仪，由探头、沉降管、磁性沉降环、测尺和输出信号指示器组成。此仪器的测量精度为1 mm。

1. 探头

探头由内簧管及铜制壳体组成。

2. 沉降管

沉降管用硬质塑料制成，包括主管（引导管）和连接管，管长2 m或4 m可根据埋设深度截取不同长度，当长度不足时，可用硬质塑料管连接，连接管为伸缩式，套于两节管之间，用自攻钉固定。为了防止泥砂和水进入管内，导管下端管口应封死，接头处需做密封处理。

3. 磁性沉降环

磁性沉降环由磁环、保护套和弹性爪制成。

4. 测尽

测尽由钢尺和导线采用塑胶工艺合二为一，既防止了钢尺锈蚀又简化了操作过程，测读更加方便准确。

5. 输出信号指示器

输出信号指示器由微安表等组成。

（二）监测原理

埋入土体内的钢环与土体同步位移，用探头在分层沉降管探测钢环的位置，钢环位置的变化即为该深度处的沉降或隆起。

八、孔隙水压力监测

（一）监测仪器

孔隙水压力监测仪器有孔隙水压力传感器（孔隙水压力计）和频率仪。孔隙水压力计的量程取测点深度处水柱的1.5～2.0倍。

（二）监测原理

孔隙水压力计的探头由金属壳体和透水石组成。孔隙水压力计的工作原理是把多孔元件（如透水石）放置在土中，使土中水连续通过元件的孔隙（透水石），把土体颗粒隔离在元件外面而只让水进入有感应膜的容器内，再测量容器中的水压力，即可测出孔隙水压力。

（三）埋设方法

压入法：直接将孔隙水压力计压到埋设深度，或先钻孔至埋设深度以上1 m处，再将孔隙水压力计压至埋设深度，用黏土球封孔至孔口。适用于较软土质。

钻孔法：适用于土层中，原则上一个钻孔只能埋设一个探头。

九、桩（墙）体内力监测

（一）监测点设置

①计算的最大弯矩所在位置和反弯点位置。

②各土层的分界面。

③结构变截面或配筋率改变截面位置。

④结构内支撑或拉锚所在位置。

（二）埋设方法

埋设方法如图6-1所示。

①钢筋应力计：割断主筋，与结构主筋串联焊接。

②钢筋应变计：并在结构主筋附近（与主筋并联）。

钢筋计在混凝土结构内相对的钢筋层上对称布置；矩形断面可以布置在4个角点处。

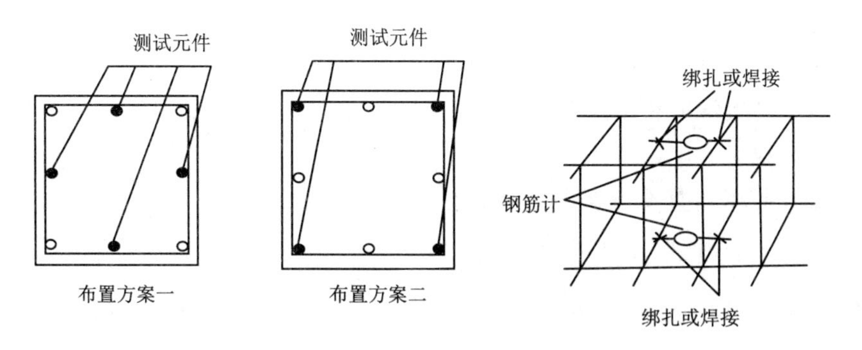

图 6-1 钢筋计在混凝土构件中的布置

（三）墙体内力监测

在钢筋混凝土中埋设钢筋计。

（四）支撑轴力监测

①钢筋混凝土支撑，可采用钢筋应力计和混凝土应变计分别测量钢筋应力和混凝土应变，再换算出支撑轴力。

②钢支撑，可直接粘贴电阻应变片测应变，得到支撑轴力，也可用轴力计。

十、地下水位监测

（一）监测仪器

水位管；钻有小孔的塑料管，外包细纱布挡泥土；钢尺或钢尺水位计。

（二）埋设方法

通过钻孔埋设。地下水位监测有以下几项注意事项：

①清水冲孔后放入水位管。

②在水位管与孔壁间用干净细砂填实，上面2 m用黏土球封孔。

③水位管应高出地面约200 mm，上面加盖。

④做好水位观测井的保护装置。

十一、相邻地下管线监测

（一）资料收集

①市政综合管线图。

②管线埋置深度和走向、管材和接头的型式，管线直径、管道每节长度、管壁厚度和受力。

③管线的基础型式、地基处理情况等。

④管线地面道路人流与交通状况。

⑤管线的重要性及对变形的敏感程度。

（二）监测内容

1. 土地介质的监测

地表的沉降监测、土体分层沉降和深层位移监测、土体回弹测量、土体应力和孔隙水压力测量。

2. 周围环境的监测

相邻房屋和重要结构物的变形监测、相邻地下管线的变形监测。

3. 隧道变形的监测

隧道沉降和水平位移监测、隧道断面收敛位移监测、隧道应变和预制管片凹凸接缝处法向应力测量。

（三）监测点设置

测点布设包括直接测点和间接测点。

间接测点设在管线的窨井盖上，将钢筋打入至管底深度。适用条件：开挖布设直接测点条件不允许或设防标准不高的情况。

直接测点有抱箍式和套筒式。

1. 抱箍式

由扁铁做成的稍大于管线直径的圆环，将测杆与管线连接成整体，测杆伸至地面，地面处布置相应窨井，保证道路、交通和人员正常通行。

抱箍式测点具有检测精度高的特点，能测得管线的沉降和隆起，其不足是埋设必须凿开路面，并开挖至管线的地面，这对城市主干道路施工存在困难，但对于次干道和十分重要的地下管道，如高压煤气管道，按此方案设置测点并进行严格监测，是必要的和可行的。

2. 套筒式

基坑开挖对相邻管线的影响主要表现在沉降方面，一般采用硬塑料管或金属管打设或埋设于所测管线顶面和地表之间，量测时，将测杆放入埋管，再将标尺搁置在测杆顶端，进行沉降测量。只有测杆放置的位置固定，测试结果才能够反映出管线的沉降变化。按套筒方案埋设测点的最大特点是简单易行，特别是对于埋深较浅的管线，通过地面打设金属管至管线顶部，再清除整理，可避免道路开挖，其缺点在于监测精度较低。

十二、邻近建筑物变形监测

（一）资料收集

①建筑物平面位置图等。

②建筑物基础和结构的设计图纸。

③建筑物已有裂缝的宽度、长度和走向等。

④建筑物既有的测点布设图和监测资料。

⑤建筑物基坑工程围护方案。

⑥地质勘探资料。

（二）监测内容

监测内容包括沉降、水平位移、倾斜、裂缝等。

①沉降：精密水准测量。

②水平位移：视准线法。

③房屋倾斜观测，如图6-2所示。

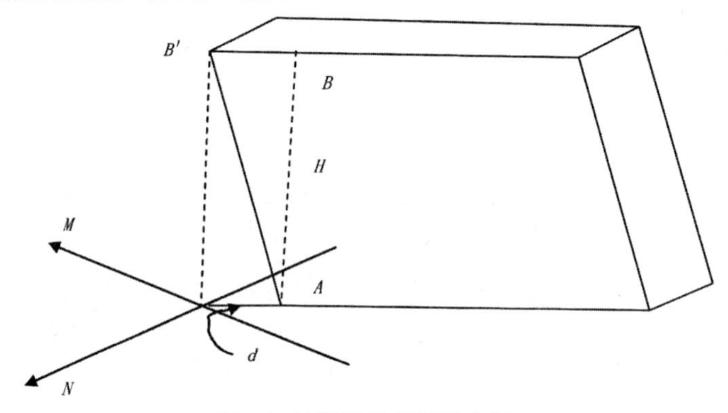

图 6-2 房屋倾斜观测示意图

a. 距 A 点水平距离1.5～2.0H 处设 MN 任意两点，须使 MA 与 NA 的方向交角接近90°。

b. 分别在 M、N 点处安置经纬仪，照准 B' 点后，竖向转动观测镜，将 MB' 和 NB' 两方向线投影于地面，其交点即为 B' 在地面上的投影点。

c. 用钢尺丈量 AB' 的水平距离，设为 d。

d. 房屋的倾斜度 $i=\arctan d/H$。

④裂缝观测

房屋的沉降和倾斜必然会导致结构构件的应力调整，有关裂缝开展状况的监测通常作为开挖影响程度的重要依据。

房屋裂缝有直接观测和间接观察两种。直接观测时将裂缝进行标编号并划出测读位置，通过裂缝观测仪进行裂缝宽度测读，该仪器肉眼观测的精度为0.1 mm，在无裂缝观测仪的情况下，也可更简单对照裂缝宽度板大致确定所观察裂缝的宽度。

裂缝的间接测量是一种定性化观察方法，对于确定裂缝是否继续开展很有作用，其中有石膏标志方法和薄铁片标志方法。前者是将石膏涂盖在裂缝上，长约250 mm，宽约50～80 mm，厚约10 mm。石膏干后，用色漆在其上标明日期和编号。后者采用两片厚约0.5 mm 的铁片，首先将一方形铁片固定在裂缝的一侧，使其边缘对齐。然后将另一矩形铁片一端固定在裂缝的另一侧，另一端压在方形铁片上约75 mm。将两张铁片全部涂上红漆，然后在其上标明设置日期和编号。每一条裂缝需设置两个标志，其中一个设在裂缝最宽处，另一个设在裂缝的末端处，并将其位置表示在该建筑物的平面图上，标注相应的编号。

第三节　基坑监测的仪器选择

一、常规监测仪器

（一）测斜仪

测斜仪主要用于围护桩体深部水平位移的监测，也就是基坑围护结构的倾斜观测。围护桩体深部水平位移监测大都采用预埋测斜管测斜仪进行监测。测斜仪监测的原理是根据铅锤受重力影响的结果，测试测管轴线与铅垂线之间的夹角，从而计算出钻孔内各个测点的水平位移与倾斜曲线。基坑围护结构倾斜观测是基坑监测中最重要的项目之一，所以在监测内容中是必测项目。

（二）支撑轴力计（反力计）和频率读数仪

反力计和频率读数仪用于基坑支撑轴力的测量，支撑轴力测量是基坑监测中非常重要的监测项目。

（三）水位计

水位计主要用于测量地下水位变化的仪器，故此，在基坑监测中是很重要的监测项目。

（四）水准仪、经纬仪和全站仪

水准仪、经纬仪和全站仪是工程测量中的常规测量仪器。在基坑监测中，周边地表沉降以及建筑物及基坑围护结构的竖向位移一般都采用几何水准测量的方法来进行，所以水准仪是必备的测量仪器。在变形观测中一般采用 S1级和 S0.5级的水准仪。经纬仪主要用于测量基坑支护结构或周边建筑物或构筑物在基坑施工过程中的水平位移。目前经纬仪应用越来越少，将逐步被全站仪全面代替。全站仪是目前用于测角和测距最主要的仪器，用于变形观测的全站仪一般测角精度都在2″以上。

（五）孔隙水压力计

用孔隙水压力计测定土体中孔隙水压力的大小。施工人员可以根据孔隙水压力消散速率控制沉桩速率、监控开挖降水情况以及基坑开挖对周围土体的扰动范围及程度，在进行建筑基坑地下水位监测时常选用。

（六）收敛计

收敛计主要用于土体水平位移测量。但在建筑基坑监测中并不属于必测的首选项目，有时可忽略。

（七）土压力盒

基坑围护结构与土体接触面的土压力及基坑开挖时土体的应力变化测量用土压力盒来进行，在建筑基坑工程监测中不属于必测项目，使用较少。

二、不同观测项目下仪器的选定与应用

（一）地下水位监测

基坑周边的地下水位与基坑结构的稳定性密切相关，所以各等级的基坑工程都要求监测水位变化。对于地下水位监测可采用钢尺或钢尺水位计，钢尺水位计的工作原理是在已埋设好的水管中放入水位计探头，当探头接触到水位时，启动讯响器，此时，读取测量钢尺与管顶的距离，根据管顶高程即可计算地下水位的高程。

对于地下水位比较高的水位观测井，也可用干的钢尺直接插入水位观测井，记录湿迹与管顶的距离，根据管顶高程即可计算地下水位的高程，钢尺长度需大于地下水位与孔口的距离。

地下水位观测井的埋设方法为用钻机钻孔到需要的深度后，在孔内埋入滤水塑料套管，孔径约90 mm。套管与孔壁间用干净细砂填实，然后用清水冲洗孔底，以防泥浆堵塞测孔，保证水路畅通，测管高出地面约200 mm，上面加盖，不让雨水进入，并做好观测井的保护装置。

基坑施工过程中土体水位的变化将直接影响地基的稳定性。用钢尺水位计测出水位管口顶至管内水位的高差，由此可以计算出水位与自然地面相对标高。在观测管埋设两周后并在基坑开挖前对各孔水位高程的初始值做两次测定，计算平均值确定其为初始值。监测值减去初始值为累计变化量，本次测量值减去前次测量值为本次变化量。水位测孔在施工过程中同样应及时采取保护措施及接管工作，以防管孔堵塞。

（二）垂直位移监测

垂直位移监测就是沉降观测，一般有几何水准法、液体静力水准法和三角高程等方法。但实际中大多采用几何水准法。三角高程测量由于精度原因很少使用。静力水准的测点基本上要处于同一水平，测量范围受到一定限制。

几何水准法可以采用独立高程系，可根据《工程测量规范》（GB 50026—2007）一、二等水准测量要求引测，也可依据《建筑变形测量规范》（JGJ 8—2007）水准测量二级以上要求进行。每次沉降观测是通过高程基准点间联测一条水准线路，由水准线路的工作基准点与各监测点构成闭合水准路线求得监测点高程，各监测点初始高程在施工前测出（至少测量2次，取平均值）。当次监测点高程与上次监测点高程之差为本次沉降量，当次监测点高程与监测点初始高程之差为累计沉降量。高程基准点参照《建筑变形测量规范》（JGJ 8—2007）埋设或选定。

（三）水平位移监测

水平位移监测的方法有很多种，比较常见的方法有：视准线法、小角法、前方交会法、导线法、极坐标法等。

1. 视准线法

视准线法是沿基坑的每条直线边建立一轴线，并在直线边上布设水平位移点，将轴线用经纬仪投影至地面，用钢尺量测位移点到轴线的偏距 E，某监测点本次 E 值与初始 E 值之差值即为该点累计位移量；本次 E 值与前次 E 值的差值为该点本次位移变化量。视准线法的特点是：操作简单，工程造价低，精度低，不易实现全自动观测，受外界条件影响大。

2. 小角法

在选定的水平位移监测控制点上安置全站仪，精确对中整平，瞄准另一端的水平位移监测控制点作为起始方向，按全圆测回法测定水平位移监测点与测站连线与起始方向偏移的角度，利用测站点与监测点之间的水平距离和监测点与测站连线与起始方向偏移的角度计算监测点与起始方向之间的垂直水平位移。影响其精度的主要是测角误差，其中包括仪器对点误差、瞄准误差等。

3. 前方交会法

对观测位置距离测量困难或不易到达的点位进行观测时，宜采用角度前方交会法来测量水平位移。前方交会的误差源有：测角误差、交会角的大小、已知基线边长度、外界环境等因素。一般情况下实际精度为1～3 mm，精度比较低，另外其测量和计算过程较复杂。

4. 导线法

围护结构桩、墙顶水平位移监测点及监测控制点组成闭合导线或导线网。水平位移监测点及监测控制点必须使用强制对中装置。

5. 极坐标法

极坐标法就是利用支导线来测量每一监测点的坐标，利用坐标差来计算水平位移。一般可采用高精度全站仪直接用全站仪的数据采集模式来完成。此方法操作简单，工程造价低，但精度不高。

总之，在水平位移监测中，要根据施工现场情况和精度要求以及工程造价等因素选择合适的方法，必要时要多种方法联合使用。

（四）支护结构内应力监测

支护结构内应力监测通常是在代表性位置的钢筋混凝土支护桩和地下连续墙的主受力钢筋上布设钢筋应力计，监测支护结构在基坑开挖过程中的应力变化，宜采用振弦式钢筋应力计。振弦式钢筋应力传感器采用非电量电测技术，其输出是振弦的自振频率信号，因此具有抗干扰能力强、受温度影响小、零漂移、受电参数影响小、对绝缘要求低、性能稳定可靠、寿命长等特点，适于在恶劣环境中长期、远距离进行观测。

钢筋应力计安装前进行拉压两种受力状态的标定，安装采用焊接在被测主筋上的方式，安装时应注意尽可能使钢筋应力计处于不受力状态，特别不应使钢筋压力计处于受弯状态。将应力计上的导线逐段捆扎在邻近的钢筋上，引到地面测试箱中。支护结构混凝土浇筑后，检查应力计电路电阻值和绝缘情况，做好引出线和测试匣的保护措施。

一般使用轴力计来测量支撑轴力。轴力计采用表面应变计、振弦式频率读数仪对轴力计进行读数。支撑轴力量测时，同一批支撑尽量在相同的时间或温度下量测，每次读数均应记录温度测量结果。量测后根据率定曲线，将频率读数换算成应力值，钢筋应力计还可以依据理论数学模型换算成支撑轴力。

使用轴力计之前要进行率定。在万能试验机上做率定试验，根据试验结果绘制率定曲线，传感器系数由初始频率和率定曲线得出。

埋设的各应力计，出厂时厂方均提供其受力率定系数表。测量时，用配套频率计连接各传感器导线，加低压测出各传感器频率，通过相关计算换算成应力。

传感器埋设前需检查其无受力状态时频率，当其与出厂标定频率在误差范围内时方可采用。应在使用前分两次测定初始读数，取平均值为其初始值。日常监测值与初始值的差值为其累计变化量，本次值与前次值的差值为本次变化量。

（五）基坑周边沉降位移监测

电子水准仪是在自动安平水准仪的基础上发展起来的。各厂家的电子水准仪采用了大体一致的结构，其基本构造由光学机械部分、自动安平补偿装置和电子设备组成。电子设备主要包括调焦编码器、光学传感器（即线阵 CCD 器件）、读数电子元件、单片微处理机、GSI 接口（外部电源和外部存储记录）、显示器件、键盘以及影像数据处理软件等，标尺采用条形码标尺供电子测量使用。各厂家标尺编码的条码图案不同，不能互换使用。目前采用电子水准仪测量，照准标尺和调焦仍需人工目视进行。人工完成照准和调焦之后，标尺条码一方面被成像在望远镜的分划板上，供目视观测使用，另一方面通过望远镜的分光镜，标尺条码又被成像在光电传感器（又称探测器），即线阵 CCD 器件上，供电子读数使用。如果使用传统水准标尺，通过目视观测，电子水准仪又可以像普通自动安平水准仪一样使用，但是由于电子水准仪没有光学测微装置，当成普通自动安平水准仪使用时，测量精度低于电子测量时的精度。各公司标尺的编码方式和电子读数求值过程由于专利的原因而完全不同。

对于基坑周边沉降的监测，可采用徕卡生产的电子水准仪 DNA03，它具有读数准确、操作简单等特点。使用电子水准仪进行水准测量时，读数与记录都由仪器自动完成，这缩短了读数时间，减少了读数误差，避免了读数、记录和抄写错误。电子水准仪的使用大大提高了作业效率，提升了监测工作的时效性。搭配铟钢尺使用时，DNA03往返1 km 的测量闭合差为0.3 mm，使用标准水准尺时的闭合差为1 mm。使用光学测量时，其千米闭合差也达到了2 mm。可以看出，DNA03数字水准仪能够满足基坑水准测量的要求。

（六）围护结构深层侧向变形监测

在深基坑工程施工中，不光需要知道深基坑围护结构外部的水平位移，经常还需要掌握围护结构内部或所围护土体内部随工程施工所发生的位移情况。对于这种工程需求，通常采用测斜仪进行测量。

测斜仪是一种可精确地测量沿垂直方向土层或围护结构内部水平位移的工程测量仪器。测斜仪在建筑基坑工程中可以量测以下参数：

①打桩或基坑开挖所引起的土体水平位移。

②围护桩、围护墙或其他围护结构的水平位移。

③地下室垂直墙面的水平位移。

测斜仪可分为活动式和固定式两种，在基坑开挖支护监测中常用活动式测斜仪。在深基坑开挖之前先将有四个相互垂直导槽的测斜管埋入支护结构或被支护的土体，测量时，将活动式探头放入测斜管，使探头上的导向滚轮卡在测斜管内壁的导槽中，沿槽滚动，活动式探头可连续地测定沿测斜管整个深度的水平位移变化。

测斜管的工作原理是根据摆锤受重力作用为基础测定以摆锤为基准的弧角变化。当测斜管发生变形以及导轮运转受卡或因为导轮的弹力不足的情况下，使导轮不能进入准确的位置，在特定的位置总是产生一定的误差。理论上这种误差是有规律的，但由于测斜管位于地下无法知道它的规律性并进而被消除，观测中要尽量避免出现这种误差。

在现场观测过程中，接收仪表因接触不良或本身仪器性能的变化有一定的观测差异。这种误差在仪器制造时都有一定的标定，属于偶然误差。环境中的温度、湿度会对仪器观测值产生一定的影响，再者测斜孔导槽中如有泥砂、杂物等也将给观测值带来误差。为此要求观测时探头在孔内要待温度适应后再进行观测。测斜孔孔口应制作一干净平整的工作台放置电缆及仪器，尽量不使泥砂带入测孔内。

（七）侧土压力和孔隙水压力监测

侧土压力是基坑工程周围土体介质传递给围护结构的水平力，其中包括土体自重应力、附加应力及水压力等对围护结构的共同作用，土压力的大小直接决定围护结构的稳定性、结构的安全度及地基的稳定性。孔隙水压力的变化与地基所受到的应力变化和地下水的排水条件密切相关，是影响基坑边坡稳定的重要因素。因此，各种压力值的监测是基坑安全监测的重要组成部分，应给予重视。

目前国内常用的压力传感器根据其工作原理分为钢弦式、差动电阻式、电阻应变片式和电感调频式等。其中钢弦式压力传感器长期稳定性高，对绝缘性要求较低，较适用于土压力和孔隙水压力的长期观测。

当压力盒的量测薄膜受到压力时，薄膜将发生挠曲，使其上的两个钢弦支架张开，将钢弦拉得更紧，弦拉得愈紧，它的振动频率也愈高。当电磁线圈内有电流电脉冲通过时，线圈产生磁通，使铁芯带磁性，因而激起钢弦振动。电流中断时脉冲间歇，电磁线圈的铁芯上留有剩磁，钢弦的振动使线圈中的磁通发生变化，因而感应出电动势，用频率计测出感应电动势的频率就可以测出钢弦的振动频率。为了确定钢弦的振动频率与作用在薄膜上的压力之间的关系，需要对压力盒进行标定。标定是在实验室内用油泵装置对压力盒施加压力，并用频率接收器量测出对应不同压力的钢弦振动频率，这样可得到每个压力盒的标定曲线。当现场观测时，通过接收器量测钢弦的频率，根据标定曲线就可以查出该压力盒此时受压力的大小。

土压力是作用在挡土构筑物表面的作用力。因此，土压力盒应镶嵌在挡土构筑物内，使其应力膜与构筑物表面齐平。土压力盒后面应具有良好的刚性支撑，在土压力作用下不产生任何微小的相对位移，以保证测试的可靠性。

对于孔隙水压力传感器的安装，首先要根据埋设位置的深度、孔隙水压力的变化幅度等确定埋设孔隙水压力计的量程，以免量程太小而造成孔隙水压力超出量程范围，或是量程选用过大而影响测试精度。将滤水石排气，备足直径为1～2 cm 的干燥黏土球，黏土的塑性指数应大于17，最好采用膨润土，供封孔使用。备足纯净砂作为压力计周围的过滤层。孔隙水压力计的安装和埋设应在水中进行，滤水石不得与大气接触，一旦与大气接触，滤水石应重新排气。

基坑开挖施工中，由于坑内土体卸载，导致围护结构内外土压力失衡。对土压力的变化进行监测，可以有依据地控制开挖速度，保证施工的安全。用振弦式土压力计实测其频率变化，根据出厂时标定的频率—压力率定值，求得土压力值。

在基坑开挖施工中，须进行降水以保持基坑内土体干燥，若围护结构防水性能不理想，会造成坑外水位下降，水压减小。对孔隙水压力的变化进行监测，可以有依据地控制降水速率，减小降水影响范围，以保证施工的安全。用振弦式孔隙水压力计实测其频率的变化，根据出厂时标定的频率—压力率定值，求得孔隙水压力值。

（八）围护墙体深部水平位移监测

围护墙体深部水平位移监测采用预埋测斜管、测斜仪进行监测。具体量测方法是将测斜探头插入测斜管，使滚轮卡在导槽上，缓缓下至孔底，测量自孔底开始，从下向上沿导槽每隔0.5 m 将探头稳定后读数。测量完成后，将测斜仪探头旋转180° 放入同一对导槽，按从下向上方向重复测量。两次测点应在同一位置，这时各测点的两次读数数值接近、符号相反。如果测量数据有问题，必须及时复测。基坑监测中一般只需观测与基坑边线垂直方向上的水平位移。但是在基坑仰角的部位，则要测量两个方向的水平位移。

（九）支护结构水平位移与沉降位移监测

目前，水平位移监测与沉降位移监测的主要方法是用高精度测量仪器（如经纬仪、测距仪、水准仪、全站仪等）测量角度、边长的变化来测定变形。在所有的工程测量中，使用最多的仪器就是水准仪、经纬仪、全站仪。水准仪用于测量地面、地层内各点及建（构）筑物施工前的标高及施工中的沉降，经纬仪用于量测地形或构筑物的施工控制点坐标，即位置及施工中的水平位移；全站仪是最新发展的一种测量仪器，它兼有水准仪和经纬仪的功能。常用前方交会法、距离交会法、自由设站法监测基坑的水平和垂向位移，水平位移用视准线法、小角法、测距法观测，变形体的水平单向位移用几何水准测量法，精密三角高程测量法观测变形体的垂向位移。

测量机器人（或称测地机器人），代表当今全站仪监测系统的最先进水平。它是一种能代替人进行自动搜索、跟踪、辨识和精确照准目标并获取角度、距离、三维坐标以及影像等信息的智能型电子全站仪。测量机器人是在全站仪的基础上集成步进马达、CCD影像传感器和其他传感器对现实测量世界中的“目标”进行识别，迅速做出分析、判断与推理，实现自我控制，并自动完成照准、读数等操作，以完全代替人的手工操作。测量机器人再与能够制定测量计划、控制测量过程、进行测量数据处理与分析的软件相结合，完全可以代替人完成许多测量任务。

由于基坑工程施工现场情况一般较为复杂，施工现场常常会堆放建筑材料，所以不可能将全站仪始终立于一固定点进行基坑支护结构的变形监测，因此考虑采用自由设站法测定基坑支护结构的平面位移会更便于实施，同时也会得到更高的效率。其具体计算思想与操作方法为在远离变形监测区域的构筑物上选取 n 个稳定观测点作为监测基准点，为保证监测精度，要求基准点的个数大于2。在监测基坑周围方便位置布设测站，要求能同时观测基准点与监测点，然后进行测站定向，同时假定测站点坐标，依次测量各基准点与监测点，将首次所测数据作为基准数据。

由于基坑变形监测需要很高的测量精度，所以在进行监测前要对所用测量仪器进行检测，以掌握仪器所能达到的分辨精度。双频激光干涉测量系统的距离测量精度很高，与全站仪测量系统相比可以认为是约定真值。因此，用全站仪测量的结果与激光干涉仪的测量结果进行比较，可以用来评定全站仪测量系统的精度。

第四节　基坑变形监测技术研究的意义

在岩土工程中，由于地下建筑物和构筑物的受力状态和力学机理是一个非常复杂的课题，迄今为止，岩土工程还是一门不够严谨、不完善、不够成熟的科学技术。所以无论用何种理论、软件、计算方法、设计的定量计算往往与实际情况存在一定的差距，计算结果只是一个近似可能的数值。对于目前全国城市建设中大力提倡开发的地下空间涉及的深基坑工程则是岩土工程中较为突出的问题之一，基于勘察报告和传统理论模式计算的围护结构受力，采用的施工参数是否能够保证围护结构的安全、设计的安全储备有多少、施工质量如何、工序的安排到底是否合理以及一旦发生危机应从何处着手、采取补救措施的效果如何、何种补救措施较为合理可靠等问题的决策和解决必须建立在拥有一个严密、科学、合理的监测控制系统的基础上，以此作为基坑工程决策的参考。

一、确保基坑稳定安全

由于土地成分和结构的不均匀性、各向异性及不连续性决定了土体力学性质的复杂性，加上自然环境因素的不可控影响，人们在认识上尚有一定的局限性，必须借助监测手段进行必要的补充，以便及时采取补救措施，确保基坑稳定安全，减少和避免不必要的损失。

二、验证设计、指导施工

客观地说，目前深基坑工程的设计尚处于半理论半经验状态，通过监测可以了解周边土体的实际变形和应力分布，用于验证设计和实际符合程度，通过监测掌握周边建筑物和管线的变化趋势，并根据基坑变形和应力分布情况为施工的实施、施工工艺的采用提供有价值的指导性意见。

三、分析区域性施工特性

通过对围护结构、周边建筑物和周边地下管线等监测数据的分析、整理和再分析，了解各监测对象的实际变形情况及施工对周边环境的影响程度，分析区域性施工特性，为类似工程积累宝贵经验。现场监测的实施也是一次实际试验，所取得的可靠数据是基坑自身和周边土体在施工过程中的真实反映，这对基坑工程设计水平的提高和进步大有裨益。

四、保障业主及相关社会利益

在城市施工中，通过对周边建筑物、地下管线监测数据的分析，调整施工参数、施工工序、重车进出及停靠位置，确保建筑物和地下管线的正常运行，有利于保障业主及相关社会利益。

第七章 边坡工程监测技术

边坡工程是为了满足工程建设需要而对边坡进行的改造工程。随着岩土工程的不断发展，边坡的地质条件越来越复杂，在开展边坡工程中可能发生各种地质灾害。为了保证边坡的安全，必须对边坡工程进行监测。根据监测内容的不同，边坡工程监测还可以分为边坡变形监测、边坡盈利监测、边坡地下水监测等类型。通过对边坡工程进行监测，能够对工程的施工进行合理的设计，使工程在保证安全的预期下顺利进行。

第一节 边坡工程监测概述

一、边坡监测的理论概述

随着工程规模的不断扩大，各类水电、道路、矿山工程等常常形成地质构造复杂、岩土特性不均匀的边坡，在各种力的作用和自然因素的影响下，其工作性态和安全状况随时都在变化。如果出现异常，而这种变化的情况和性质又不被我们及时掌握，任其险情发展，其后果不堪设想

安全监测除了及时掌握工程的运行性态，确保其安全外，还有多方面的必要性。美国垦务局认为，使用监测仪器和设备对工程进行长期和系统的监测，是诊断、预测、法律和研究等四方面的需要：一是诊断的需要，包括验证设计参数改进未来的设计：对新的施工技术优越性进行评价和改进；对不安全迹象和险情诊断并采取措施进行加固；验证工程运行处于持续良好的正常状态。二是预测的需要，运用长期积累的观测资料掌握变化规律，对工程的未来性态做出及时有效的预报。三是法律的需要，对由于工程事故而引起的责任和赔偿问题，观测资料有助于确定其原因和责任。四是研究的需要，观测资料是工程工作性态的真实反映，为未来设计提供定量信息，可改进施工技术，利于设计概念的更新和对破坏机理的了解。正是因为这些必要性，目前各国都很重视安全监测工作，使其成为工程建设和管理工作中极其重要的组成部分。

从岩土力学的角度来看，边坡治理是通过某种结构人为给边坡岩土施加一个外力作用或者通过人为改善原有边坡的环境，最终使其达到一定的力学平衡。但由于边坡内部岩土力学作用的复杂性，从地质勘察到设计均不可能完全考虑内部的真实力学效应，我们的设计都是在很大程度的简化计算上进行的。为了反映边坡岩土力学效应和检验设计施工的可靠性和处治后的边坡的稳定状态，边坡工程

防治监测具有极其重要的意义。

边坡监测的主要目的是确定工程是否处于预计的状态，监测的目的也可能是施工控制、诊断不利事件的特性、检验设计的合理程度、证明施工技术的适应程度、检验长期运行性能、检验承包商依据技术规范施工的情况、促进技术发展和确定其合法的依据。一般情况下，监测的目的包括：

①监测的基本的和最重要的目的是提供用于控制和显示各种不利情况下工程性能的评价和在施工期、运行初期和正常运行期对工程安全进行连续评估所需要的资料。

②修改工程设计。研究监测工程状况的累积记录有助于对工程设计进行修改。并通过观测数据与理论上和试验中预测的工程特性指标进行比较，以便了解设计的合理程度。

③改进分析技术。工程设计一般需要根据岩土、材料特性和结构性能的保守假设来进行严密而复杂的力学分析。这些假设用来规定设计中的“未知数”或不定值。监测提供的资料及各种因素对工程运行性能影响的评价，将有助于减少这些未知数，从而可以进一步完善和改进分析技术及工程试验。使未来的各种设计参数的选择更加趋于经济、合理。

④提高人们关于各种参数对工程性能影响的认识。如通过对孔隙压力观测资料的研究，提高了对边坡中孔隙压力的形成和发展各种影响的认识，确立了现行边坡稳定分析中各种有关参数间更为合理的关系，使边坡设计更加安全可靠。

边坡监测的主要任务就是检验设计是否正确，确保边坡安全，通过监测数据反演分析边坡的内部力学作用，同时积累丰富的资料作为其他边坡设计和施工的参考资料。边坡工程监测的作用在于：

①为边坡设计提供必要的岩土工程和水文地质等技术资料。

②边坡监测可获得更充分的地质资料（引用测斜仪进行监测和无线边坡监测系统监测等）和边坡发展的动态，从而确定边坡的不稳定区域。

③通过边坡监测，确定不稳定边坡的滑动模式，确定不稳定边坡滑移方向和速度，掌握其发展变化规律，为采取必要的防护措施提供重要数据。

④通过对边坡加固工程的监测，评价治理措施的质量和效果。

⑤为边坡的稳定分析提供重要数据。

二、边坡变形预测的研究现状

近年来，人们对边坡变形观测的重要性已有了深刻的认识，在产生变形的相关地区布设了变形点并进行了相应的观测，积累了大量的观测数据。变形监测的最终目的，就是正确地分析与处理变形观测数据，对产生的变形做出正确的几何分析和物理解释。变形的几何分析是对变形体的形状和大小的变形作几何描述，其任务在于描述变形体变形的空间状态和时间特性。变形的物理解释是确定变形体的变形和变形原因之间的关系，其任务在于解释变形的原因。一般来说，几何分析是基础，主要是确定相对和绝对位移量，物理解释则是从本质上认识变形。

几何分析主要包括参考点的稳定性分析、观测值的平差处理和质量评定以及变形模型参数估计等内容。

物理解释的方法主要有统计分析法、确定函数法和混合模型法等。其中统计分析法以回归分析模型为主，通过分析所观测的变形和外因之间的相关性，来建立荷载—变形之间关系的数学模型。由于它利用过去的变形观测数据，因此具有“后验”的性质。当预测值和实际的结果相差较小时，一方面说明了所建的关系模型是正确的，同时也说明变形体的变化规律和过去一样；如果差值较大，就说明所建模型不合适。统计分析方法的优点是以实测资料为基础，观测资料越丰富、质量越高，其结果就越可靠，是目前应用比较广泛的成因分析法。缺点是影响变形的因子有多样性和不确定性，以及观测资料本身有限，因此在一定程度上又制约着建模的准确性。除回归分析模型外，时间序列分析模型、灰关联分析模型、模糊聚类分析模型都属于统计分析法。

对于工程的安全来说，监测是基础，分析是手段，预报是目的。边坡变形的预测预报问题一直是国内外工程地质和岩土力学等各个学科领域的专家和学者关注的热点。

近年来，在定量预报方面，提出了许多预测预报模型和方法，如基于现代数学理论的灰色 GM（1，1）模型、生物生长模型、神经网络模型以及基于非线性理论的协同预报模型、突变理论模型和动态分维跟踪预报模型等，并且还提出了一些具有实用价值的预报思想，如非线性预报、实时跟踪预报、系统综合预报、全息预报、信息融合技术预报等。

郑东健、顾冲时和吴中如在深入分析边坡变形的影响因素及因子模式的基础上，通过融合回归分析和递推模型的优点，考虑降雨和温度变化的影响，建立了边坡变形的多因素回归时变预测模型；蒋刚、林鲁生等考虑了观测资料的非等间隔性，利用灰色系统理论建立边坡变形观测资料的 GM（1，1）模型，模型较好地反映了边坡变形的趋势；赵静波等提出以控制因素变化的阶段性来划分时间数据序列，建立阶段时间序列灰色预测模型，对边坡的发展变化情况进行预测，预测变形值与边坡实际发展变化一致，提高了时间序列灰色预测的准确性；赵洪波结合时间序列分析方法，将一种新的仿生群体算法——微粒群算法引入到边坡变形预测模型中，提出了变形估计模型；刘晓等以神经网络和时间序列分析方法为基础，使用零均值化和标准偏差预处理方法，以及规则化能量函数法和贝叶斯规则化方法进行 BP 神经网络建模，利用 BP 网络对边坡位移非平稳时序进行趋势项提取，使非平稳监测时序转化为平稳时序以进行常规 ARMA 时序分析，结合滚动预测方法，建立了适合岩土体位移预测的神经网络—时间序列分析联合模型；付义祥、刘志强通过用混沌与分形理论研究边坡变形破坏的演变机理，建立了边坡演变的动力学方程组，通过相空间重构，得出显示边坡系统动态特性的关联维数 D2的计算公式，并编制了相应的 Matlab 程序，找到了合适的嵌入维数，提取和恢复边坡系统原有的规律，为边坡位移预测研究提供了新的途径；刘开云等运用人工智能领域最新的基于结构风险最小化原理的数据挖掘算法—支持向量机算法，建立边坡变形的回归模型，提高了预测精度；刘明贵、杨永波采用多模型信息融合技术建立组合灰色神经网络预测模型，为边坡变形的预测提供了一种方便实用的方法；唐天国等对一般 GM（1，1）模型进行了误差来源追踪分析并提出改进方法，得到了精度较高的边坡变形预测模型；周家文、徐卫亚等根据高边坡开挖变形时间序列的非线性特征，把局域法的思想引入到神经网络中去，按照寻找邻近点的原理构造出训练样本，通过神经网络得到边坡变形的预测值；巫德斌、徐卫亚采用逐步迭代法建立边坡变形的 GM（1，1）模型，该模型收敛速度快，与原始数据序列的凹凸性保持一致，较好地反映了岩石边坡的变形趋势；陈益峰等给出了一种基于 Lyapunov 指数改进算法的边坡位移预测模型；黄铭等考虑新、旧信息反映的规律有所不同的特点，以加权的方法增强新监测信息的作用，适当削弱旧信息的作用，建立边坡变形预测的加权灰色统计模型；史永胜、许东俊根据对边坡变形规律的研究，建立了边坡位移序列的叠合时序模型，将边坡位移分解为确定性位移和随机性位移两部分，并实现了基于误差方差最小原则的边坡位移中长期预测；杨太华、郑庆华研究了库岸边坡岩体渗透变形的动力学机制，并根据多参数的随机变化规律，建立了非线性 CAR 模型，通过分析实例，提出了库水位影响下水库岸坡岩体渗透变形的自适应时间序列控制原理和预测预报方法；谢漠文、廖野澜以 GM（1，1）模型为基础，提出了“黄金率灰色拓扑选择”建立预报模型的新方法；王洪兴等把非线性的指数趋势模型经线性化处理后，用线性最小二乘法对待定参数做出估计，建立了边坡变形预测的指数趋势模型。

第二节　边坡工程监测的主要内容

一、边坡工程监测的内容与方法

边坡处治监测包括施工安全监测、处治效果监测和动态长期监测。一般以施工安全监测和处治效果监测为主。

施工安全监测是在施工期对边坡的位移、应力、地下水等进行监测，监测结果作为指导施工、反馈设计的重要依据，是实施信息化施工的重要内容。施工安全监测将对边坡体进行实时监控，以了解由于工程扰动等因素对边坡体的影响，及时地指导工程实施、调整工程部署、安排施工进度等。在进行施工安全监测时，测点布置在边坡体稳定性差，或工程扰动大的部位，力求形成完整的剖面，采用多种手段互相验证和补充。边坡施工安全监测包括地面变形监测、地表裂缝监测、滑动深部位移监测、地下水位监测、孔隙水压力监测、地应力监测等内容。施工安全监测的数据采集原则上采用24 h 自动实时观测方式进行，以使监测信息能及时地反映边坡体变形破坏特征，供有关方面做出决断。如果边坡稳定性好，工程扰动小，可采用8～24 h 观测一次的方式进行。

边坡处治效果监测是检验边坡处治设计和施工效果、判断边坡处治后的稳定性的重要手段。一方面可以了解边坡体变形破坏特征，另一方面可以针对实施的工程进行监测，例如，监测预应力锚索应力值的变化、抗滑桩的变形和土压力、排水系统的过流能力等，以直接了解工程实施效果。通常结合施工安全和长期监测进行，以了解工程实施后，边坡体的变化特征，为工程的竣工验收提供科学依据。边坡处治效果监测时间长度一般要求不少于一年，数据采集时间间隔一般为7～10天，在外界扰动较大时，如暴雨期间，可加密观测次数。

边坡长期监测将在防治工程竣工后，对边坡体进行动态跟踪，了解边坡体稳定性变化特征。长期监测主要对一类边坡防治工程进行。边坡长期监测一般沿边坡主剖面进行，监测点的布置少于施工安全监测和防治效果监测；监测内容主要包括滑带深部位移监测、地下水位监测和地面变形监测。数据采集时间间隔一般为10～15天。

边坡监测的具体内容应根据边坡的等级、地质及支护结构的特点进行考虑，通常对于一类边坡防治工程，建立地表和深部相结合的综合立体监测网，并与长期监测相结合；对于二类边坡防治工程；在施工期间建立安全监测和防治效果监测点，同时建立以群测为主的长期监测点；对于三类边坡防治工程，建立群测为主的简易长期监测点。

边坡监测方法一般包括：地表大地变形监测、地表裂缝位错监测、地面倾斜监测、裂缝多点位移监测、边坡深部位移监测、地下水监测、孔隙水压力监测、边坡地应力监测等。表7-1为边坡工程监测项目表。

表 7-1 边坡工程监测项目表

检测项目	测试内容	测点布置	方法与工具
变形监测	地表大地变形、地表裂缝位错、边坡深部位移、支护结构变形	边坡表面、裂缝、滑带、支护结构顶部	经纬仪、全站仪、GPS、伸缩仪、位错计、钻孔倾斜仪、多点位移计、应变仪等
应力监测	边坡地应力、锚杆（索）拉力、支护结构应力	边坡内部、外锚头、锚杆主筋、结构应力最大处	压力传感器、锚索测力计、压力盒、钢筋计等

续表

检测项目	测试内容	测点布置	方法与工具
地下水监测	孔隙水压力、扬压力、动水压力、地下水水质、地下水、渗水与降雨关系以及降雨、洪水与时间关系	出水点、钻孔、滑体与滑面	孔隙水压力仪、抽水试验、水化学分析等

二、边坡工程监测计划的制定与实施

边坡处治监测计划应综合施工、地质、测试等方面的要求，由设计人员完成。量测计划应根据边坡地质地形条件、支护结构类型和参数、施工方法和其他有关条件制定。监测计划一般应包括下列内容：

①监测项目、方法及测点或测网的选定，测点位置、量测频率，量测仪器和元件的选定及其精度和率定方法，测点埋设时间等。

②量测数据的记录格式，表达量测结果的格式，量测精度确认的方法。

③量测数据的处理方法。

④量测数据的大致范围，作为异常判断的依据。

⑤从初期量测值预测最终量测值的方法，综合判断边坡稳定的依据。

⑥量测管理方法及异常情况对策。

⑦利用反馈信息修正设计的方法。

⑧传感器埋设设计。

⑨固定元件的结构设计和测试元件的附件设计。

⑩测网布置图和文字说明。

⑪监测设计说明书。

计划实施须解决如下三个关键问题：

①获得满足精度要求和可信赖的监测信息。

②正确进行边坡稳定性预测。

③建立管理体制和相应管理基准，进行日常量测管理。

三、边坡工程监测应遵循的原则

边坡监测方法的确定、仪器的选择既要考虑到能反映边坡体的变形动态，同时必须考虑到仪器维护方便和节省投资。由于边坡所处的环境恶劣，对所选仪器应遵循以下原则：

①仪器的可靠性和长期稳定性好。

②仪器有能与边坡体变形相适应的足够的量测精度。

③仪器对施工安全监测和防治效果监测精度和灵敏度较高。

④仪器在长期监测中具有防风、防雨、防潮、防震、防雷等与环境相适应的性能。

⑤边坡监测系统包括仪器埋设、数据采集、存储和传输、数据处理、预测预报等。

⑥所采用的监测仪器必须经过国家有关计量部门标定，并具有相应的质检报告。

⑦边坡监测应采用先进的方法和技术，同时应与群测群防相结合。

⑧监测数据的采集尽可能采用自动化方式，数据处理须在计算机上进行，包括建立监测数据库、数据和图形处理系统、趋势预报模型、险情预警系统等。

⑨监测设计须提供边坡体险情预警标准。并在施工过程中逐步加以完善。监测方须半月或1月一次定期向建设单位、监理方、设计方和施工方提交监测报告，必要时，可提交实时监测数据。

第三节　不同类型的边坡监测与技术

一、边坡的变形监测

边坡岩土体的破坏，一般不是突然发生的，破坏前总是有相当长时间的变形发展期。通过对边坡岩土体的变形监测，不但可以预测预报边坡的失稳滑动，同时运用变形的动态变化规律检验边坡的处治设计的正确性。边坡变形监测包括地表大地变形监测、地表裂缝位错位移监测、地面倾斜监测、裂缝多点位移监测、边坡深部位移监测等项目内容。对于实际工程应根据边坡具体情况设计位移监测项目和测点。

（一）地表大地变形监测

地表大地变形监测是边坡监测中常用的方法。地表大地变形监测则是在稳定的地段测量标准（基准点），在被测量的地段上设置若干个监测点（观测标桩）或设置有传感器的监测点，用仪器定期监测测点和基准点的位移变化或用无线边坡监测系统进行监测。

地表大地变形监测通常应用的仪器有两类：一是大地测量（精度高的）仪器，如红外仪、经纬仪、水准仪、全站仪、GPS 等，这类仪器只能定期的监测地表位移，不能连续监测地表位移变化。当地表明显出现裂隙及地表位移速度加快时，使用大地测量仪器定期测量显然满足不了工程需要，这时应采用能连续监测的设备，如全自动全天候的无线边坡监测系统等。二是专门用于边坡变形监测的设备：如裂缝计、钢带和标桩、地表位移伸长计和全自动无线边坡监测系统等。

监测的内容包括边坡体水平位移、垂直位移以及变化速率。点位误差要求不超过 ±2.6～5.4 mm，水准测量每公里误差 ±1.0～1.5 mm。对于土质边坡，精度可适当降低，但要求水准测量每公里误差不超过 ±3.0 mm。边坡地表变形监测通常可以采用十字交叉网法，适用于滑体小、窄而长，滑动主轴位置明显的边坡；放射状网法，适用于比较开阔、范围不大，在边坡两侧或上、下方有突出的山包能使测站通视全网的地形；任意观测网法，用于地形复杂的大型边坡。

（二）边坡表面裂缝监测

边坡表面裂缝的出现和发展，往往是边坡岩土体即将失稳破坏的信号，因此裂缝一旦出现，必须对其进行监测。监测的内容包括裂缝的拉开速度和两端扩展情况，如果速度突然增大或裂缝外侧岩土体出现显著的垂直下降位移或转动，预示着边坡即将失稳破坏。

边坡表面裂缝监测可采用伸缩仪、位错计或千分卡直接量测。测量精度0.1～1.0 mm。对于规模小、性质简单的边坡。在裂缝两侧设桩、设固定标尺或在建筑物裂缝两侧贴片等方法，均可直接量得位移量。

对边坡表面裂缝监测资料应及时进行整理和核对，并绘制边坡观测桩的升降高程、平面位移矢量图，作为分析的基本资料。从位移资料的分析和整理中可以判别或确定出边坡体上的局部移动、滑带变形、滑动周界等，并预测边坡的稳定性。

（三）边坡深部位移监测

边坡深部位移监测是监测边坡体整体变形的重要方法，将指导防治工程的实施和效果检验。传统的地表监测具有范围大、精度高等优点；裂缝监测也因其直观性强、方便适用等特点而广泛使用，但它们都有一个无法克服的弱点，即它们不能测到边坡岩土体内部的蠕变，因而无法预知滑动控制面。而边坡深部位移监测能弥补这一缺陷，它可以了解边坡深部，特别是滑带的位移情况。

边坡深部位移监测手段较多，目前国内使用较多的主要为钻孔引伸仪和钻孔倾斜仪两大类。钻孔引伸仪（或钻孔多点伸长计）是一种传统的测定岩土体沿钻孔轴向移动的装置，它适用于位移较大的滑体监测。例如武汉岩土力学所研制的WRM-3型多点伸长计，这种仪器性能较稳定，价格便宜，但钻孔太深时不好安装，且孔内安装较复杂；其最大的缺点就是不能准确地确定滑动面的位置。钻孔引伸仪根据埋设情况可分埋设式和移动式两种；根据位移仪测试表的不同又可分为机械式和电阻式。埋设式多点位移计安装在钻孔内以后就不再取出，由于埋设投资大，测量的点数有限，因此又出现了移动式。有关多点位移仪的详细构造和安装使用可参阅有关书籍。

钻孔倾斜仪运用到边坡工程中的时间不长，它是测量垂直钻孔内测点相对于孔底的位移（钻孔径向）。钻孔倾斜仪器一般稳定可靠，测量深度可达百米，且能连续测出钻孔不同深度的相对位移的大小和方向。因此，这类仪器是观测岩土体深部位移、确定潜在滑动面和研究边坡变形规律较理想的手段，目前在边坡深部位移量测中得到广泛采用。如大冶铁矿边坡、长江新滩滑坡、黄蜡石滑坡、链子崖岩体破坏等均运用了此类仪器进行岩土深部位移观测。

钻孔倾斜仪由四大部件组成：测量探头、传输电缆、读数仪及测量导管。其工作原理是：利用测量探头内的伺服加速度测量埋设于岩土体内的导管沿孔深的斜率变化。由于它是自孔底向上逐点连续测量的，所以任意两点之间斜率变化累积反映了这两点之间的相互水平变位。通过定期重复测量可提供岩土体变形的大小和方向。根据位移—深度关系曲线随时间的变化可以很容易地找出滑动面的位置，同时对滑移的位移大小及速率进行估计。

钻孔倾斜仪测量成功与否，很大程度上取决于导管的安装质量。导管的安装包括钻孔的形成、导管的吊装以及回填灌浆。

钻孔是实施倾斜仪测量的必要条件，钻孔质量将直接影响到安装的质量和后续测量。因此要求钻孔尽可能垂直并保持孔壁平整。如在岩土体内成孔困难时，可采用套管护孔。钻孔除应达到上述要求外，还必须穿过可能的滑动面，进入稳定的岩层内（因为钻孔内所有点的测量均是以孔底为参考点的，如果该点不是“不动点”将导致整个测量结果的较大误差），一般要求进入稳定岩体的深度不应小于5～6 m。

成孔后，应立即安装测斜导管，安装前应检验钻孔是否满足预定要求，尤其是在岩土体条件较差的地方更应如此防止钻孔内某些部位可能发生塌落或其他问题，导致测量导管不能达到预定的深度。测量导管一般是2～3 m一根的铝管或塑料管，在安装过程中由操作人员逐根用接头管铆接并密封下放至孔底。当孔深较大时，为保证安装质量，应尽可能利用卷扬机吊装以保证导管能以匀速下放至孔底。整个操作过程比较简单，但往往会因操作人员疏忽大意而导致严重后果。一般，在吊装过程中可能出现的问题有：

①由于导管本身的质量或运输过程中的挤压造成导管端部变形，使得两导管在接头管内不能对接（即相邻两导管紧靠）。粗心的操作人员往往会因对接困难

而放弃努力，而当一部分导管进入接头管后就实施铆接、密封。当孔深不大时，这样做后果可能不致太严重，但当孔深很大时，可能会因铆钉承受过大的导管自重而被剪断（对于完全对接的导管铆钉是不承受多大剪力的）。这样做的另一隐患就是：由于没有完全对接，在导管内壁两导管间形成的凹槽可能会在以后测量时卡住测量探头上的导轮。所以，应尽量避免这种情况发生，通常的办法是在地面逐根检查。

②由于操作不细心，密封不严，致使回填灌浆时浆液渗进导管堵塞导槽甚至整个钻孔，避免出现这一情况的唯一办法是熟练、负责的操作。

导管全部吊装完后，钻孔与导管外壁之间的空隙必须回填灌浆保证导管与周围岩体的变形一致。通常采用的办法是回填水泥砂浆。对于岩体完整性较好的钻孔，采用压力泵灌浆效果无疑是最佳的，但当岩体破碎、裂隙发育甚至与大裂隙或溶洞贯通时，可考虑使用无压灌浆，即利用浆液自重回填整个钻孔，但选择这种方法灌浆时应相当谨慎；首先要保证浆液流至孔底，检验浆液是否流至孔底或是否达到某个深度的办法是在这些特定位置预设一些检验装置（例如根据水位计原理设计的某些简易装置）。当实施无压灌浆浆液流失仍十分严重时，可考虑适当调整水泥稠度，甚至往孔内投放少许干砂做阻漏层直至回填灌满。

所有准备工作完成后，便可进行现场测试。由于钻孔倾斜仪资料的整理都是相对于一组初始测值来进行的，故初始值的建立相当重要。一般应在回填材料完全固结后读数，而且最好是进行多次读数以建立一组可靠的基准值。读数的方法是：对每对导槽进行正、反方向两次读数，这样的读数方法可检查每点读数的可靠性，当两次读数的绝对值相等时，应重新读数以消除可能是记录不准带来的误差。从仪器上直接读取的是一个电压信号，然后根据系统提供的转换关系得到各点的位移。逐点累加则可得到孔口表面处相对于孔底的位移。

在分析评价倾斜仪成果时，应综合地质资料，尤其是钻孔岩芯描述资料加以分析，如果位移—深度曲线上斜率突变处恰好与地质上的构造相吻合时，可认为该处即是滑坡的控制面，在分析位移随时间的变化规律时地下水位资料及降雨资料也是应加以考虑的。

测量位移与实际位移之间有一定的误差，误差的来源有两个：一是仪器本身的误差，这是用户无法消除的；二是资料的整理方法，在整理钻孔倾斜仪资料时，人为地做了两个假定：

（1）孔底是不动的；

（2）导管横断面上两对导槽的方位角沿深度是不变的，即导管沿孔深没有扭转。

在大多数情况下这两个条件是很难严格满足的，虽然第一个条件可以通过加大孔深来满足，但后一个条件往往很难满足，尤其是在钻孔很深时。有资料表明：

对于铝管，由于厂家的生产精度和现场安装工艺等因素，导管在钻孔内的扭转可达到每三米一度。也就是说，实际上是导槽沿深度构成的面并不是一个平面而是一个空间扭曲面，因此，测量得到的每个点的位移实际上并非同一方向的位移。而根据假设将它们视为同一方向进行不断累加必然带来误差。消除这一误差的办法是利用测扭仪器测量各数据点处导槽的方位角；然后将用倾斜仪得到的各点位移按此方位角向预定坐标平面投影；这样处理得到的各点位移才是该平面的真实位移。这时，孔中表面点的位移大致上反映了该点的真正位移。

（四）边坡变形监测数据的处理与分析

边坡变形监测数据的处理与分析，是边坡监测数据管理系统中一个重要的研究内容，可用于对边坡未来的状况进行预报、预警。对边坡变形监测数据的处理，主要是对边坡变形监测数据进行干扰消除，以获取真实有效的边坡变形数据，这一个阶段可以称作边坡变形监测数据的预处理。对边坡变形监测数据的分析，是运用边坡变形监测数据分析边坡的稳定性现状，并预测可能出现的边坡破坏，建立预测模型。

1. 边坡变形监测数据的预处理

在监测自然坡和人工边坡时，各种监测方法测得的位移持续时间曲线不是标准的平滑曲线。由于各种随机因素的干扰，如测量误差、开挖爆破、气候变化等，绘制的曲线往往主要是有不同程度波动、起伏和突变的震荡型曲线，因此观测曲线的一般规律在一定程度上被掩盖，尤其是位移速率较小的变形体，使得位移历时曲线的振荡更加明显。因此，非常有必要去除干涉部分并增强获得的信息，使具有突变效应的曲线变成等效的平滑曲线。有助于确定不稳定边坡的变形阶段，并进一步建立其不稳定的预测模型。目前，边坡变形测量数据预处理中较为有效的方法是采用过滤技术。

2. 边坡变形状态的判定

一般而言，边坡变形典型的位移历时曲线，分为三个阶段：

第一阶段为初始阶段，边坡处于减速变形状态；变形速率逐渐减小，而位移逐渐增大，其位移历时曲线由陡变缓。从曲线几何上分析，曲线的切线由小变大。

第二阶段为稳定阶段，又称为边坡等速变形阶段；变形速率趋于常值，位移历时曲线近似为一线段。线段切线角及速率近似恒值，表征为等速变形状态。

第三阶段为非稳定阶段，又称加速变形阶段；变形速率逐渐增大，位移历时曲线由缓变陡，因此曲线反应为加速变形状态，同时亦可看出切线角随速率的增大而增大。

可以看出，位移历时曲线切线角的增减可反应速度的变化。若切线角不断增大，说明变形速度也不断增大：即变形处于加速阶段；反之，则处于减速变形阶段；若切线角保持一常数不变，亦即变形速率保持不变，处于等速变形状态。根据这一特点可以判定边坡的变形状态。具体分析步骤如下：

首先将滤波获得的位移历时曲线上每个点的切线角分别算出，然后放入坐标图中。纵坐标为切线角，横坐标为时间。对这些离散点作一元线性回归，求出能反映其变化趋势的线性方程：

$$\alpha=At+B \tag{7-1}$$

式中：α 为切线角；A、B 为待定系数。

当 $A<0$时，上式为减函数，α 随着 t 的增大而减小，变形处于减速状态；当 $A=0$时，α 为一常数，变形处于等速状态；当 $A>0$时，上式为增函数，α 随 t 的增大而增大，变形处于加速状态。

A 值由一元线性回归中的最小二乘法得到：

$$A=\frac{(t_i-\bar{t})(a_i-\bar{a})}{\sum_{i=1}^{n}(t_i-\bar{t})^2} \tag{7-2}$$

式中：i 为时间序数，i=1，2，3，…，n；

t_i 为第 i 点的累计时间；

$\bar{t}$为各点累计时间的平均值（$\bar{t}=\frac{1}{n}\sum_{i-1}^{n} t_i$）；

α_i 为滤波曲线上第 i 个点的切线角；

$\bar{\alpha}$为各切线角的平均值（$\bar{\alpha}=\frac{1}{n}\sum_{i-1}^{n} a_i$）。

3. **边坡变形的预测分析**

滤波后的变形观测数据可直接用于边坡变形状态的定性判定，更主要是可用于边坡变形或滑动的定量预测。定量预测需要选择合适的分析模型。通常可以使用确定性模型和统计模型，但在边坡监测中，因为边坡滑动往往是一个非常复杂的演化过程，所以使用确定性模型进行定量分析和预测非常困难。因此，常用的方法仍然是传统的统计模型。

有两种类型的统计模型，分别是多元线性回归模型和近年来开发的非线性回归模型。多元回归模型的优势在于它可以逐步过滤筛选回归因子，但除时间因素以外的其他因素的分析仍然非常困难和罕见。非线性回归模型在很多情况下都能很好地拟合观测数据，但使用非线性回归的关键在于如何选择合适的非线性模型和参数。

对于多元线性回归模型，即：

$$y=a_0+\sum a_it^i \qquad (7\text{-}3)$$

式中：a_i 为待定系数。

在对整个边坡的各个监测点进行回归分析后，计算各个参数后就可根据各参数值进行全坡度状态的全面定量分析和预测。非线性回归通常比线性回归更能直观地反映出滑坡和滑动过程，而且大多数情况下，非线性回归模型更有利于滑坡整体分析和预测。这就对变形观测资料的物理解释具有非常重要的理论和实际意义。

二、边坡应力监测

在边坡处治监测中的应力监测包括边坡内部应力监测、边坡地应力监测、边坡锚固应力监测。

（一）边坡内部应力监测

边坡的内部应力监测可以通过压力盒进行，以测量滑动带和支撑结构（如抗滑桩等）的承载滑移力，以了解斜坡体传递给保持项目和支撑结构的可靠性。根据测试原理，压力盒可分为液压式和电动式两种。液压式的优点是结构简单可靠，现场直读也让使用更加的便捷；电动式的优点是测量精度高，可以长距离观察。目前，在边坡工程中，通常使用多用途电测压力测力仪。电测压力测力计又分为应变式、钢弦式、差动变压式、差动电阻式等种类。

在实际测量工作过程中，为了增加钢柱压力箱的接触面，避免因与压力箱接触不良而造成的故障或测量值非常小，有时使用传压囊增加其接触面积。囊中的压力传递介质一般使用机油，因为压力系数可以接近1，并且油可以通过静水压力传递到压力箱，并且不会导致胶囊中的腐蚀，也比较易于密封。

压力盒的性能好坏，直接影响压力测量值的可靠性和精确度。对于具有一定灵敏度的钢弦压力盒，应保证其工作频率，特别是初始频率的稳定，压力与频率关系的重复性好；因此在使用前应对其进行各项性能试验，包括钢弦抗滑性能试验、密封防潮试验、稳定性试验、重复性试验以及压力对象、观测设计来布置压力盒。压力盒的埋设，虽较简单，但由于体积变大、较重，给埋设工作带来一定的困难。埋设压力盒总的要求是接触紧密和平稳、防止滑移、不损伤压力盒及引线。

（二）边坡地应力监测

边坡地应力监测主要针对大型岩石边坡工程，是了解施工过程中边坡地应力变化的重要监测工作。地应力监测包括绝对应力测量和地应力变化监测。绝对应力测量在斜坡开挖和中部斜坡开挖之前以及完成边坡开挖后分别进行一次，以了解地面应力场的三个不同阶段。所使用的方法通常是深孔应力消除方法。地应力变化监测意味着在开挖之前，应力监测仪器埋在原始地质探测孔中，以了解整个开挖过程中地应力变化的整个过程。

对于绝对应力测量，目前国内外使用的方法，均是在钻孔、地下开挖或露头面上刻槽而引起岩体中应力的扰动，然后用各种探头量测由于应力扰动而产生的各种物理量变化的方法来实现。总体上可分为直接测量法和间接测量法两大类。直接测量法是指由测量仪器所记录的补偿应力、平衡应力或其他应力量直接决定岩体的应力，而不需要知道岩体的物理力学性质及应力应变关系；如扁千斤顶法、水压致裂法、刚性圆筒应力计以及声发射法均属于此类。间接测量法是指测试仪器不是直接记录应力或应力变化值，而是通过记录某些与应力有关的间接物理量的变化，然后根据已知或假设的公式，计算出现场应力值，这些间接物理量可以是变形、应变、波动参数、放射性参数等；如应力解除法、局部应力解除法、应变解除法、应用地球物理方法等均属于间接测量法一类。

对于地应力变化监测，由于要在整个施工过程中实施连续量测，因此量测传感器长期埋设在量测点上。目前地应力变化监测传感器主要有Yoke应力计、国产电容式应力计及压磁式应力计等。

1. Yoke 应力计

Yoke应力计为电阻应变片式传感器，该应力计在三峡工程船闸高边坡监测中使用。它由钻孔径向互成60° 的3个应变片测量元件组成，根据读数可以计算测点部位岩体的垂直于钻孔平面上的二维应力。

2. 电容式应力计

电容式应力计最初主要用于地震测报中监测地应力活动情况。其结构与Yoke压力计类似，也是由垂直于钻孔方向上的3个互成60° 的径向元件组成。不同之处是3个径向元件安装在1个薄壁钢筒中，钢筒则通过灌浆与钻孔壁固结合在一起。

3. 压磁式应力计

压磁式应力计由6个不同方向上布置的压磁感应元件组成，即3个互成60° 的径向元件和3个与钻孔轴线成45° 夹角的斜向元件组成。从理论上讲，压磁式应力计可以量测测点部位岩体的三维应力变化情况。

（三）边坡锚固应力监测

在边坡应力监测中除了边坡内部应力、边坡地应力监测外，边坡锚固应力的监测也是一项极其重要的监测内容。边坡锚杆、锚索的拉力的变化是边坡荷载变化的直接反映。

1. 锚杆轴力量测

锚杆轴力量测的目的在于了解锚杆实际工作状态，结合位移量测，修正锚杆的设计参数。锚杆轴力量测主要使用的是量测锚杆。量测锚杆的杆体是用中空的钢材制成，其材质同锚杆一样。量测锚杆主要有机械式和电阻应变片式两类。

机械式量测锚杆是在中空的杆体内放入四根细长杆，将其头部固定在锚杆内预定的位置上。量测锚杆一般长度在6 m以内，测点最多为4个，用千分表直接读数。量出各点间的长度变化，计算出应变值，然后乘钢材的弹性模量，便可得到各测点间的应力。通过长期监测，从而可以得到锚杆不同部位应力随时间的变化关系。

电阻应变片式量测锚杆是在中空锚杆内壁或在实际使用的锚杆上轴对称贴四块应变片，以四个应变的平均值作为量测应变值，测得的应变值乘钢材的弹性模量，得各点的应力值。

2. 锚索预应力损失测量

锚索预应力损失测量的目的是分析锚索的应力状态、锚固效果和预应力损失状况，因为预应力的变化受到边坡变形和内部负荷变化的双重影响，通过监测锚索预应力损失的变化来了解加固边坡的变形和稳定性状态。

通常一个边坡工程长期监测的锚索数，不少于总数的5%。监测设备一般采用圆环形测力计（液压式或钢弦式）或电阻应变式压力传感器。

锚索测力计的安装是在锚索施工前期工作中进行的，其安装全过程包括：测力计室内检定、现场安装、锚索张拉、孔口保护和建立观测站等。如果采用传感器，传感器必须性能稳定、精度可靠，一般轮辐式传感器较为可靠。

目前，通常采用埋设传感器的方法监测预应力。一方面，由于传感器价格昂贵，传感器一般只能放置在锚固工程的各个点上，并且存在面对面的缺陷；另一方面，它们必须符合该领域的长期需求与使用，所以在施工期间传感器的性能，稳定性和铺设技术要求很高。如果监测过程中的传感器问题无法保存，这将直接影响项目整体稳定性的评估。因此，高精度、低成本、高效综合监测方法的研究已成为预应力锚固工程中需要解决的关键技术问题。因此，一部分人提出了锚索预应力的声探测技术。

三、边坡地下水监测

地下水是边坡失稳的主要诱发因素，对边坡工程而言，地下水动态监测也是一项重要的监测内容，特别是对于地下水丰富的边坡，应特别引起重视。地下水动态监测以了解地下水位为主，根据工程要求，可进行地下水孔隙水压力、扬压力、动水压力、地下水水质监测等。

（一）地下水位监测

我国早期用于地下水位监测的定型产品是红旗自计水位仪，它是浮标式机械仪表，因多种原因现已很少应用。近十几年来国内不少单位研制过压力传感式水位仪，均因各自的不足或缺陷而未能在地下水监测方面得到广泛采用。目前在地下水监测工作中，几乎都是用简易水位计或万用表进行人工观测。

我国在20世纪90年代初成功研制了 WLT-1020地下水动态监测仪，后又经过两次改进，现在性能已经完善。该仪器用进口的压力传感器和国产温度传感器封装于一体，构成水位—温度复合式探头，采用特制的带导气管的信号电缆，水位和温度转变为电压信号，传至地面仪器中，经放大和模数（A/D）变换，由液晶屏显示出水位和水温值，通过译码和接口电路，送至数字打印机打印记录。仪器的特点是小型轻便、高精度、高稳定性、抗干扰、微功耗、数字化、全自动、不受孔深、孔斜和水位埋深的限制，专业观测孔和抽水井中均可使用。

（二）孔隙水压力监测

在边坡工程中的孔隙水压力是评价和预测边坡稳定性得一个重要因素，因此需要在现场埋设仪器进行观测。目前监测孔隙水压力主要采用孔隙水压力仪，根据测试原理可分为四类：

①液压式孔隙水压力仪：土体中孔隙水压力通过透水测头作用于传压管中液体，液体将压力变化传递到地面上的测压计，由测压计直接读出压力值。

②电气式孔隙水压力仪：包括电阻式、电感式和差动电阻式三种。孔隙水压力通过透水金属板作用于金属薄膜上，薄膜产生变形引起电阻（或电磁）的变化。查阅率定的电流量—压力关系，即求得孔隙水压力的变化值。

③气压式孔隙水压力仪：孔隙水压力作用于传感器的薄膜，薄膜变形使接触钮接触而接通电路，压缩空气立即从进气口进入以增大薄膜内气压，当内气压与外部孔隙水压平衡薄膜恢复原状时，接触钮脱离、电路断开、进气停止，测量系统量出的气压值即为孔隙水压力值。

④钢弦式孔隙水压力仪：传感器内的薄膜承受孔隙水压力产生的变形引起钢弦松紧的改变，于是产生不同的振动频率，调节接收器频率使与之和谐，查阅率定的频率—压力线求得孔隙水压力值。

孔隙水压力观测点的布置视边坡工程具体情况确定。一般原则是将多个仪器分别埋于不同观测点的不同深度处，形成一个观测剖面以观测孔隙水压力的空间分布。

埋设仪器可采用钻孔法或压入法，而以钻孔法为主，压入法只适用于软土层。采用钻孔法时，先于孔底填少量砂，置入测头之后再在其周围和上部填砂，最后用膨胀黏土球将钻孔全部严密封好。由于两种方法都不可避免地会改变土体中的应力和孔隙水压力的平衡条件，需要一定时间才能使这种改变恢复到原来状态，所以应提前埋设仪器。

观测时，测点的孔隙水压力应按下式求出：

$$u=\gamma_w h+p \tag{7-4}$$

式中：γ_w 为水的容重；

h 为观测点与测压计基准面之间的高差；

p 为测压计读数。

第四节　边坡工程监测新技术研究

一、BOTDR 技术

光波在光纤中传播并与光纤中的声学声子相互作用发生布里渊散射。当光纤沿线存在轴向应变或者温度发生变化时，光纤中的背向布里渊散射光的频率相对于注入的脉冲光频率将发生漂移，布里渊散射光频率的漂移量与光纤所受的轴向应变和温度的变化呈良好的线性关系。BOTDR 就是利用光纤中的自发布里渊散射光的频移变化量与光纤所受的轴向应变或温度之间的线性关系，得到光纤的轴向应变或温度分布。

光纤的轴向应变、温度与布里渊散射光频移的关系可分别表示为：

$$\varepsilon=C_S(\nu_B-\nu_{B0})+\varepsilon_0 \tag{7-5}$$

$$T=C_T(\nu_B-\nu_{B0})+T_0 \tag{7-6}$$

式中：ε 为光纤的应变；

T 为温度；

C_s 为布里渊频移—应变系数；

C_T 为布里渊频移—温度系数；

V_B 为光纤的布里渊频移；

V_{B0}、ε_0和 T_0分别为光纤初始状态的布里渊频移量、应变和温度。

BOTDR 监测设备采用日本电报电话公司（NTT）研制开发的AQ8603型光纤应变分析仪，可以监测最长80 km 范围内光纤沿线的应变，应变测量范围为 -1.5%～+1.5%，空间分辨率可达1 m，应变的测量精度为 ±0.003%，基本上能够满足边坡工程变形监测的要求。

分布式光纤传感技术的优点在于该技术突破了传统点式传感的概念，可实现对被测对象的分布式监测，能够捕捉到被测对象的整体应变性状。在实际工程应用中，只要将传感光纤布设和安装到被测物的表面或内部，将传感光纤的一端与BOTDR解调仪相连，即可监测到传感光纤沿线的应变分布状态及异常点。但在实际边坡工程应用中，分布式光纤技术仍存在相关问题需要解决：①边坡工程具有监测项目多和范围大的特点，需要有针对性地选择监测部位或断面，将传感器布置在最合理的位置进行监测。②监测所使用的传感光纤一般为普通的通信用光纤，施工过程中极易损坏，需要采取相应的保护措施或采用特殊封装的传感光缆，以保证传感光纤在工程施工和后期监测过程中不被损坏。③由于基于BOTDR的分布式光纤传感器的布里渊频移同时包含应变和温度信息，这种应变和温度的交叉敏感问题限制了其工程应用。工程应用中，需要采取相应的温度补偿措施，以消除环境温度变化对应变结果的影响。

二、分布式传感光纤的布设技术

地质条件复杂的边坡，一般需要对坡面进行特殊处理，如采用钢筋混凝土格构梁和锚杆（索）组成的结构体系进行加固；采用抗滑桩和挡土墙等支挡结构。边坡工程的加固效果是决定边坡稳定的重要因素之一。变形监测是变形破坏分析的基本依据，也是边坡监测的主要手段。相应地，边坡监测应以边坡表面和深部位移变形监测为主，同时加强对边坡加固和支挡结构的变形监测。

（一）坡面变形传感光纤的布设

边坡表层岩土体由于降雨、地震、人类工程活动、软弱结构面或其他因素的影响，会发生各种形式的滑塌，且滑塌发生的位置通常难以确定。分布式光纤传感技术由于测量距离长、覆盖范围大，在边坡变形监测方面正逐步得到应用。

传感光纤（光缆）在边坡表面布设方法为，间隔一定距离将光纤（光缆）固定在边坡土体表面以下一定深度位置，或直接附着在岩体表面，使其跟岩土体的变形协调一致。并将通过各固定节点的传感光纤相互连接构成监测网，用以监测边坡表层岩土体的变形。传感光纤的温度补偿可以采用布设放置在聚氨酯（PU）管内的自由光纤，使其不受土体变形的影响，用于消除温度对长期应变监测结果的影响。当表层岩土体发生滑动时，会带动传感光纤一起发生滑动，传感光纤受拉伸产生轴向应变，通过BOTDR对光纤应变进行测量和应变异常的定位，确定边坡发生滑动变形的区域。

（二）边坡格构梁传感光纤的布设

钢筋混凝土格构梁和锚杆加固是边坡锚固工程常见的结构形式。在依靠锚杆加固坡体时，通过纵横地梁组成的格构梁体系将整个坡面进行覆盖加固，使坡面整体性得到加强。同时，格构梁又是锚杆承受的集中荷载传递到边坡表面的中间介质。

格构梁的变形监测采用将传感光纤埋入的方式进行铺设，即在制作格构梁的同时将传感光纤埋入混凝土中，使其与格构梁成为一体而达到协调变形；而对于已浇注成型的格构梁，可以采用在混凝土格构梁表面刻槽再埋设光纤的方法。将光纤植入纵横交叉的格构梁中，形成具有应变传感功能的光纤监测网络。同样，传感光纤的温度补偿可以采用布设自由光纤的方法来实现。光纤布设完成后，采用光时域反射仪（Optical Time-Domain Reflectometer，OTDR）对光纤布设的完整性和光纤光损情况进行检测，确保布设达到监测要求。未埋入混凝土的外部光纤熔接上跳线，并采用 PU 管和金属波纹管等进行保护，便于后期变形监测的顺利进行。

应用 BOTDR 对光纤应变进行测量，作为传感光纤网的初始应变。以后根据监测要求，定期对格构梁传感光纤网进行监测。在格构梁发生变形或产生裂缝时，根据监测光纤的应变变化，并通过对监测数据的处理、分析，可以实现对格构梁异常部位的空间定位及稳定性评估。例如，中国地质调查局水文地质工程地质技术方法研究所将 BOTDR 监测技术用于格构梁变形监测，对滑坡进行监测预警，取得良好的应用效果。

（三）锚杆传感光纤的布设

作为边坡支护主体的锚杆，其安装质量和工作状态将直接影响边坡工程的正常安全运行，对锚杆变形进行监测是一项必不可少的工作。目前，工程上对锚杆的检测多局限于采用常规的拉拔试验来确定极限承载力，检验其安装质量是否满足设计要求等，而对锚杆应力沿锚杆体分布规律，由于缺乏合适的检测技术而了解不够。目前，用于监测锚杆应力应变状态的传感器以差动电阻式、电阻应变计式、钢弦式和电感式传感器为主，这些传感器容易受电磁干扰、酸碱腐蚀和潮湿环境等外界恶劣环境的影响，而使其测量精度降低，难以完成对锚杆应力状态的实时、在线和长期监测。采用 BOTDR 分布式光纤传感技术对锚杆变形进行监测，可以得到锚杆实际受力状态，如锚杆轴向应力、锚杆与黏结材料之间的剪应力沿锚杆体分布规律，并根据出现的异常情况，采取相应的处理措施，指导边坡工程设计、施工和维护等，并对边坡稳定性进行评价。

锚杆上的传感光纤的布设方法为在锚杆一侧刻槽，采用特殊黏结剂将传感光纤与锚杆粘贴在一起。光纤沿锚杆轴向布设，呈 U 型。锚杆另一侧的温度补偿光纤采用 PU 管和金属波纹管进行封装，使其不受应变影响，只对温度敏感，通过式（7-6）可消除温度对光纤应变的影响，便于实现对锚杆变形的长期监测。

在锚杆上安装分布式传感光纤后，将多根锚杆上铺设的传感光纤通过光缆串接在一起，这样只需在一端测量就可以实现多根锚杆的同时监测，得到锚杆沿轴线方向任意一点上的应变信息。由锚杆上各点的应变值计算出相应点的轴力，采用下式，获得锚杆轴力分布曲线：

$$\sigma_i = E\varepsilon_i \tag{7-7}$$

沿锚杆的平均剪应力可采用下式，由相邻两点的应变值计算得到，从而获得沿锚杆轴向的剪应力

分布曲线：

$$\tau_j = \frac{(\varepsilon_{i+1} - \varepsilon_i)EA}{\pi D \Delta l} \tag{7-8}$$

式中：σ_i 为锚杆 i 点应力值；

E 为锚杆弹性模量；

ε_i 为锚杆 i 点应变值；

τ_j 为锚杆 i 点和 i+1点之间的平均剪应力；

A 为锚杆截面积；

D 为锚杆直径；

Δl 为锚杆相邻两测点之间距离。

（四）抗滑桩传感光纤的布设

抗滑桩具有抗滑能力大、桩位灵活、施工方便和加固效果显著等特点，在边坡治理、加固工程中得到广泛应用。从受力角度来看，抗滑桩由于被动地承受岩土体的压力，和岩土共同构成了一种复杂的受力体系。采用分布式光纤监测技术可以得到沿抗滑桩深度方向上点的桩身应力应变状况，计算抗滑桩挠度，研究抗滑桩弯曲变形随时间的发展变化情况。

传感光纤的布设可利用抗滑桩内的钢筋作为载体，桩孔完成后在安放钢筋笼的同时，选取边坡主滑动方向上受拉和受压侧的两根纵向筋体，将特殊封装的传感光纤捆绑在钢筋上，同时向下放入桩孔内。传感光纤在桩体内呈U字型布设，底部圆滑过渡相连，孔口处采用PU管和金属波纹管进行保护后从侧边引出。另外，为了消除传感光纤的应变和温度交叉敏感问题，还应布设一根放置在聚氯乙烯（PVC）管内的自由光纤作为温度补偿光纤。传感光纤布设完成后，从桩身混凝土初凝时起，定期监测传感光纤的应变变化。

边坡发生滑动时，抗滑桩受到土压力影响产生弯曲变形，使得桩体内两侧的光纤分别产生拉、压变形，通过对传感光纤应变的监测，可以得到桩体应变分布状态。抗滑桩的弯曲变形可简化为悬臂梁变形，抗滑桩的挠度与桩的轴向应变存在如下的关系：

$$v(x)=\iint\left(-\frac{\varepsilon(x)}{y}\right)\mathrm{d}x\mathrm{d}x \tag{7-9}$$

式中：$v(x)$ 为梁的挠度，y 为传感光纤与抗滑桩中性面之间的距离，$\varepsilon(x)$ 为光纤的应变。

BOTDR 实测的应变是沿光纤轴向按一定间隔分布的离散数据，则对式（7-9）进行离散化，可以得到

$$v(x_n)=-1/y\sum_{i=1}^{n}\sum_{i=1}^{n}\varepsilon(x_i)\Delta x\Delta x+Cx_i+D \tag{7-10}$$

式中：Δx 为 BOTDR 的空间采样间隔；

x_i 为应变 $\varepsilon(x_i)$ 的空间坐标，$x_i=i\Delta x$。

使用传统的点式应变传感器只能测得有限几个点的应变值，难以用来计算挠度。但是，对于分布式传感器而言，采用式（7-10）进行积分运算就可以得到抗滑桩弯曲变形后的挠度，进而可以分析桩后坡体的位移变化情况，检验抗滑桩设计的合理性及加固效果，对边坡的稳定性和边坡滑动的发展情况进行分析。

（五）挡土墙传感光纤的布设

边坡支挡结构中应用的挡土墙类型很多，如重力式、悬臂式、锚杆式和加筋土式等，通常需要根据工程地质、水文地质、施工方法和技术经济条件等因素进行合理选择。挡土墙的变形破坏主要表现为挡土墙表面隆起、开裂，以及整体滑动、水平滑移和倾覆。

挡土墙表面传感光纤可以采用埋入或表面粘贴的方式进行铺设，使其与挡土墙成为一体而达到协调变形。光纤铺设完成以后，定期对挡土墙表面传感光纤的应变进行监测。挡土墙发生隆起、开裂时，通过对监测数据的分析，可对发生异常的部位进行定位。通过对挡土墙表面的应变分布和应变随时间的变化情况的分析，可实现对挡土墙稳定性的评价，检验加固效果，以验证挡土墙结构形式的合理性。

（六）边坡远程分布式监测系统

在坡面、格构梁、锚杆、抗滑桩和挡土墙等部位的传感光纤布设完成后，通过光缆将各个独立的部分串联在一起，光缆的一端与 BOTDR 解调仪相连，并通过 GP-IB 电缆、控制 PC 和网络实现与远程计算机的通信和数据交换，将数据储存或输出到远程终端处理器，构成边坡分布式光纤监测系统。这样，用户通过终端处理器就可以实现对整个边坡的远程分布式实时、在线和长期监测。

第八章 隧道地下工程监测技术

隧道地下工程监测指的是用量测元件和仪表研究地下结构和围岩相互作用的手段。它包括计划、方法、量测仪表设备、数据处理和成果分析等方面的工作。其任务是对某一具体工程进行观测和试验，将量测数据进行分析，以评价围岩的稳定性和地下结构的工作性能，为设计和施工提供资料；并在验证和发展隧道地下工程的设计理论，以及新的施工技术方面提供可靠的科学依据。本章主要从隧道地下工程的监测内容、监测目的、监测仪器的选择、监测方案的设计等方面对隧道地下工程监测技术进行研究，并对隧道地质超前预报技术进行了相关阐述。

第一节 隧道地下工程监测概述

据统计，截至2016年年底，我国公路隧道共15181处，里程达14039700 m，其中特长隧道共815处，里程3622700 m，长隧道3520处，里程6045500 m。全国公路隧道比2015年增加1175处，里程增加1385800 m。我国的公路隧道建设事业正不断向前发展。

在看到巨大成就的同时，也应该清醒看到，隧道建设技术中还有许多关键问题没有得到解决。地下工程是地质工程系统范畴的一个方面，是指建在由岩石和各种结构面组合而成天然岩体中的建筑物，包括交通隧道、城市地下建筑、地下矿产开采及引水隧道等工程，它是靠围岩和支护的共同作用维持其稳定的。所以，地下工程的安全在很大程度上取决于围岩本身的力学特性及自稳能力，取决于其支护后的综合特性。由于地下工程要在地下深处进行开挖施工，建筑物又埋藏在地下一定深度，而天然地质材料中又存在节理裂隙、应力和地下水，因此，地下工程的建设比地面工程复杂得多且不易掌握；同时地下工程建成后维护运营也依然需要支护结构的作用，设计和构建稳定安全的支护系统也是技术难题，这些都需要借助现场监测技术获取实际信息并将其及时反馈到设计和施工中去，直接为工程服务。

20世纪50年代，国际上就开始对隧道工程进行量测来监视围岩和支护结构的稳定性，如隧道衬砌背后压力量测。60年代起，奥地利学者总结出了以尽可能不要恶化围岩中的应力分布为前提，在施工过程中密切监测围岩变形和应力等，通过调整支护措施来控制变形，从而达到最大限度地发挥围岩自身承载能力的新奥法隧道施工技术。隧道施工中的监测逐渐成为新奥法的核心内容之一。随着技术的发展，监测技术应用范围不断扩大，优化设计、有限元设计和信息化设计等现代设计方法开始在实际工程中应用。监测自动化系统、网络传输系统、数据处理和数据库系统、安全预报预警系统等不断完善，地理信息系统（GIS）及GPS等技术也在大型岩土（隧道）工程中得到了应用。

隧道施工监测仪器、设备、工艺的不足直接影响隧道结构分析技术的进步。尽管近50年来，随着计算机的普及和大量地下工程的开工建设，岩体力学计算理论取得了令人瞩目的成就，但至今隧道结构计算的成果仍不具有强大的说服力。

如何提高隧道监测技术，为保障施工安全、指导施工、优化设计和结构计算分析服务，成为当前隧道技术发展的一个重要问题。

一、国内外施工监测技术现状

（一）隧道施工监测技术及其数据应用现状

在隧道施工过程中，对隧道围岩、支护衬砌结构所处的力场及其稳定状态进行监测，被认为是保障施工安全、优化隧道设计、指导施工的主要方法，在隧道施工中具有十分重要的作用，也是新奥法施工的重要内容之一。

1. 监测内容

隧道施工监测的内容涵盖了隧道围岩—支护结构力学体系的各个方面，包括位移、应力、应变、压力等，具体的量测项目有：工作面地质观察、隧道拱顶下沉、洞周收敛、地表下沉、围岩内部位移、围岩应力、支护结构压力、锚杆轴力和抗拔力等。目前进行较多的、最有效的有隧道工作面地质观察、拱顶下沉、洞周收敛等。国外也有对其他物理量进行监测的例子，如日本曾试图对掌子面沿隧道轴线的位移进行观测，以便判断隧道掌子面的稳定情况，但其实施价值尚未得到证实。

2. 监测手段

隧道施工监测仪器设备精度高低、自动化程度、环境适应能力、可操作性等性能决定了监测在施工过程中的应用程度。然而，尽管科学技术正在发生巨大的变化，国内外隧道施工监测仪器的开发却步履缓慢。目前国内外普遍采用的量测仪器有：

（1）位移量测

经纬仪、水准仪、塔尺、钢尺、收敛计等仍然是主要设备，全站仪、断面仪等自动化程度较高的仪器在隧道施工中应用范围相当有限。

（2）压力、应力量测

各种压力、应力量测设备根据其传感器的种类分为电测类和机械类，其中电测类又有电阻式、电感式、电容式及新型的压电式和压磁式。

（3）锚杆轴力、抗拔力量测

锚杆轴力主要采用量测锚杆进行，力、应力量测无根本性区别；抗拔力量测不仅在量测手段上落后，而其量测原理受到质疑。总之，抗拔力量测难于操作，甚至其量测意义都遭到质疑。

（二）隧道量测技术及其数据应用现状

量测数据的处理和应用，是发挥隧道监测作用的关键，不进行数据处理或不具备数据处理、应用能力是当前隧道施工量测的主要问题。由于隧道结构分析的复杂性，对隧道应力、压力量测数据分析基本停留在感性、经验上。位移量测数据是利用率较高的量测项目，目前在一般隧道施工中，位移量测数据的应用有：

①通过经验与感性的认识，判断隧道围岩、支护结构的稳定性和经济性。由于深入进行隧道结构分析十分困难，经验法和工程类比法成为隧道设计施工的主要方法。在施工过程中，一般将位移数据绘制成位移—时间曲线，或单纯根据位移值的大小，根据以往经验判断围岩、支护结构是否安全、经济。这种方法需要丰富的工程经验，缺乏足够的理论依据，可信度不高。

②通过回归分析、函数拟合的方法获得位移发展曲线，进而判断位移发展趋势。这种方法操作起来较为简单，但使用这种方法的前提是获取大量的量测数据，数据越多精度越高，但同时计算量也越大。大量的量测数据只有到了位移发展中后期才能获得，这使得数据处理、分析错过了指导施工的最佳时机，没有多大的实际价值。另外，函数形式的选择也对分析结果影响较大，只有正确的函数才能得到正确的预测结果，而要寻求真正符合隧道围岩位移发展规律、形式简单的函数非常困难。如何合理、快速、简单地处理和应用位移量测数据，对指导施工、优化设计及促进隧道结构理论分析具有重大意义，同时也是促进隧道施工监测工作开展的重要力量。

二、新传感器技术在地下工程监测中的应用

地下工程中常规监测技术多以点式电测方式为主。而用于应变测量的传感元件主要为电阻应变片和钢弦计，但电阻应变片发生的零点漂移会使其长期测试结果产生失真；钢弦计的灵敏度较好，但因钢弦丝长期处于张紧状态，蠕变对其影响较大。此外，常规的电类传感器普遍存在寿命短、测量易受环境影响、易受电磁干扰、不能进行实时在线监测和不能实现分布测量等缺点。但工程结构的渐变性决定监测系统不仅应具备高精度和长期稳定性，而且要求实时监测数据的准确性以及恶劣条件下测读数据的可靠性。显而易见，常规的电类传感器已开始受到重大工程结构安全要求的技术挑战。正是在这样的背景下，各种材料和技术开始越来越频繁地使用或尝试使用于地下工程监测中，其中尤以光纤传感器的应用最为广泛。

简单地说，光纤传感器的工作原理就是把光纤传感器埋入材料或者结构物中，外界待测量的压力、温度等作用于光纤，引起光纤几何参量或物理参量变化，对在光纤中传播的光波的特征参量（如强度、频率、相位、偏振等）产生调制，通过对调制光的检测，便能感知外界的信息，从而实现对各种物理量的测量。

光纤传感技术是继电测技术之后的新型传感技术。该技术具有“传”“感”合一的特点，并以光波为载体，光纤为媒质，具有抗电磁干扰、动态响应快、灵敏度和测试精度高、耐久性强及可实现远距离实时监测等优点，一些技术还可对结构进行分布式测量。这些优点决定其在工程结构安全监测方面具有很强的竞争力。国内外工程结构监测领域采用的光纤传感器主要包括光纤 Bragg 光栅传感器（FBG）、Brilliouin 光时域反射计（BOTDR）、Fabry-Perot 空腔传感器（FPI）及 SOFO 点式光纤传感器等。FPI 和 SOFO 分辨率高，但受信号传输和解调技术的限制，布点数量有限，还不能从根本上突破点式测量的局限，比较适用于结构重点部位的监测。分布式的 BOTDR 可对结构进行大范围监测，但分辨率较低，测得应变是所在位置后面一定距离（空间分解率）的平均应变值。而 FBG 不仅分辨率高，所测的应变位置明确易定，且能使用波分复用技术在一根光纤中串接多个传感器，实现真正意义上的多点线式分布测量，因此，FBG 在很大程度上弥补以上几种传感器的不足，并成为光电传感领域的研究热点。

第二节　隧道地下工程监测的主要内容与仪器选择

一、隧道现场监测项目

隧道现场监测项目如表8-1所示。

表 8-1 隧道现场监测项目

序号	项目名称	序号	项目名称
1	地质和支护状况观察	7	围岩体内位移（地表设点）
2	周边位移	8	围岩压力及两层支护间压力
3	拱顶下沉	9	钢支撑内力及外力
4	锚杆或锚索内力及抗拔力	10	支护、衬砌内应力、表面应力及裂缝量测
5	地表下沉	11	围岩弹性波测试
6	围岩体内位移（洞内设点）		—

①现场监测。包括掌子面附近的围岩稳定性、围岩构造情况、支护变形与稳定情况及校核围岩分类。

②岩体力学参数监测。包括抗压强度、变形模量、黏聚力、内摩擦角及泊松比。

③应力应变监测。岩体原岩应力，围岩应力、应变，支护结构的应力、应变及围岩与支护和各种支护间的接触应力。

④压力监测。支撑上的围岩压力和渗水压力。

⑤位移监测。包括围岩位移、支护结构位移及围岩与支护倾斜度。

⑥温度监测。岩体温度、洞内温度及气温。

⑦物理监测。包括弹性波和视电阻率测试。

二、围岩压力及位移量测仪器选择

（一）围岩压力及两层支护间压力量测

隧道开挖后，围岩要向净空方向变形，而支护结构要阻止这种变形，这样就会产生围岩作用与支护结构上的围岩压力。围岩压力量测，通常情况下是指围岩与支护或喷层与二次衬砌混凝土间的接触压力的测试。

1. 量测目的

了解围岩压力的量值及分布状态，判断围岩和支护的稳定性，分析二次衬砌的稳定性和安全度。

2. 量测仪器与原理

接触压力量测仪器根据测试原理和测力计结构不同分为液压式测力计和电测式测力计。目前隧道中多用电测式测力计。

围岩应力量测仪器包括：

①钢弦式应变计；

②差动式电阻应变计；

③电阻片测杆。

接触应力量测仪器包括 ：钢弦式压力盒。

（二）衬砌应力测试

1. 压力盒的类型

单线圈激振型、双线圈激振型、钨丝压力盒、钢弦摩擦压力盒、钢筋应力计、混凝土应变计。

2. 压力盒的布置与埋设

由于测试目的及对象不同，测试前必须根据具体情况做出观测设计，再根据观测设计布置与埋设压力盒。

（三）支护的应力应变量测

1. 锚杆轴力量测

①量测目的：掌握锚杆的实际工作状态，结合位移量测，修正锚杆的设计参数。

②仪器：量测锚杆，分为机械式和电阻应变片式。

2. 钢支撑压力量测

根据测试原理和测力计结构，测力计分类如图8-1所示。

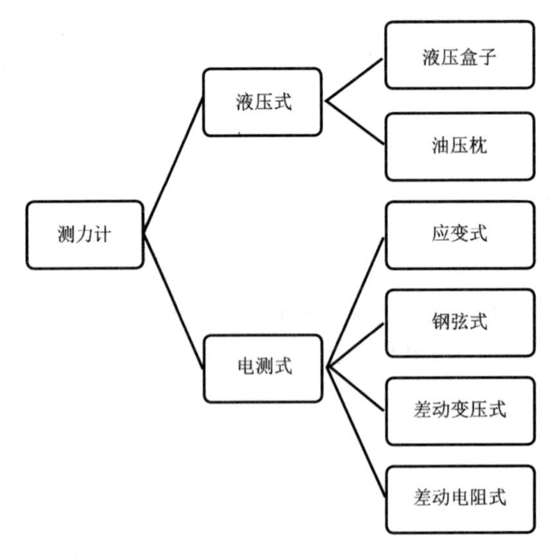

图 8-1 测力计分类

（四）位移量测

洞室内壁面两点连线方向的位移为收敛，此项量测为收敛量测。测试装置的基本构成如下：

1. 壁面测点

测量仪器由埋入围岩壁面30～50 cm 的埋杆与探头组成，由于观测手段不同，探头有多种形式，一般为销孔探头与圆球探头。它代表围岩壁面变形情况，因而对测点加工要精确，埋设要可靠。

2. 测尺

一般用打孔的钢卷尺或金属管对围岩壁面某两点间的相对位移取粗读数。

3. 测试仪器

测试仪器一般由测表、张拉力设施与支架组成。测表为百分表或游标尺，能精确读数。张拉力设施一般采用重锤、弹簧或应力环。支架是组合测表、测尺、张拉力设施等的综合结构。

4. 连接部分

连接部分是连接测点与仪器的构件，可用单向或万向连接。

（五）拱顶下沉量测

隧道拱顶内壁的绝对下沉量称为拱顶下沉值，单位时间内拱顶下沉值为拱顶下沉速度。量测方法如下：

1. 浅埋隧道

可由地面钻孔，使用挠度计或其他仪表测定拱顶相对于地面不动点的位移值。

2. 深埋隧道

可用拱顶变位计，将钢尺或收敛计挂在拱顶点作为标尺，后视点可视为设在稳定衬砌上，用水平仪进行观测，将前后两次后视点读数相减得差值 A，两次前视点读数相减得差值 B，计算 $C=B-A$。如 C 为正值，表示拱顶上移；若 C 为负值，表示拱顶下沉。

量测仪器：隧道拱部变位观测计。

当锚头用砂浆固定在拱顶时，钢丝一头固定在挂尺轴上，另一头通过滑轮可引用到隧道下部，测量人员可在隧道底板上量测。

第三节 隧道地下工程监测的方案设计

一、隧道地下工程监测目的

岩体在开挖后，其原始应力状态受到破坏，在洞室周边一定距离范围内岩体应力将重新分布，导致围岩变形。以往人们都将岩体作为均质、各向同性介质，采用极限应力、应变理论来判断围岩的稳定性。但由于岩石的生成条件和地质作用的复杂性，这使得在大多数情况下，表现出非均质和各向异性的特征，并且在隧道的开挖过程中，由于开挖方式、支护方法与时机、支护结构刚度等因素对岩体稳定性都有影响。

在现代隧道的建造中，量测已经成为非常重要的环节。现场监测，一般来讲就是通过相对简单的仪器和方法，及时获取围岩稳定性和支护结构受力与变形的动态信息，分析其变化趋势，评价围岩与支护结构系统可靠性，以达到及时调整支护参数和进行施工决策的目的。地下工程监测的目的和意义如下：

①提供监控设计的依据和信息。

②指导施工，预报险情。

③作为工作运营时的监视手段。

④用作理论研究及校核理论，并为工程类比提供依据。

⑤为地下工程设计与施工积累资料。

二、隧道监测项目的选择

①现场量测计划和测试的有关规定。

②量测项目的确定和量测手段的选择。

a. 量测项目的选择依据：围岩条件、工程规模、支护方式。

b. 量测手段的选择依据：量测项目及国内量测仪器的现状。一般应选择简单、可靠、耐久、成本低的量测手段。

量测项目重要性如表8-2所示。量测项目如表8-3所示。

表 8-2 各种围岩条件下量测项目的重要性

围岩种类	必测项目				选测项目						
	洞内观察	净空收敛	拱顶下沉	锚杆抗拔力	地表下沉	围岩内位移	锚杆轴力	钢支撑应力	接触压力	混凝土应变	洞内弹性波
硬岩	●	■	■	■	▲	▲	▲	▲	▲	▲	▲
软岩	●	●	●	■	▲	●	●	▲	▲	▲	▲
土砂	●	●	●	●	●	■	■	■	■	▲	▲

注：“▲”表示不重要；“●”表示重要；“■”表示较重要。

表 8-3 隧道监控量测项目

类型	序号	量测项目	量测仪器	备注
必测项目	1	洞内、外观察	现场观察、数码相机、地质罗盘	—
	2	拱顶下沉	精密水准仪、铟钢尺、钢挂尺或全站仪	—
	3	水平相对净空变化值	收敛计、全站仪（非接触量测）	—
选测项目	1	地表沉降	精密水准仪、铟钢尺、全站仪	隧道浅埋段
	2	围岩内部变形	多点位移计	—
	3	锚杆轴力	钢筋计	—
	4	围岩压力	压力盒	—
	5	钢架内力及所承受的荷载	钢筋计	—
	6	喷混凝土内力	混凝土应变计	—
	7	二次衬砌内力	混凝土应变计、钢筋计	—
	8	初衬支护与二次衬砌间接触压力	压力盒	—
	9	隧底隆起	水准仪、铟瓦尺或全站仪	—
	10	爆破震动	振动传感器、记录仪	—
	11	空隙水压力	水压计	—
	12	水量	三角堰、流量计	—
	13	纵向位移	多点位移计、全站仪	—
	14	围岩弹性测试波速度	弹性波测试仪	—

三、量测部位的确定和测点的选择

（一）监测控制网的布设及数量

隧道施工过程中的监控量测，作为信息化施工的一个重要手段，通过施工现场的监控量测，为判断围岩稳定性、支护衬砌可靠性、二次衬砌合理施作时间以及修改施工方法、调整围岩级别、变更支护设计参数提供依据，指导日常施工管理，确保施工安全和质量。监控量测主要包括围岩及支护状态、拱顶下沉、水平收敛、支护结构的应力状态量测、观察等监测项目。控制网布设按《高速铁路工程测量规范》（TB 10601—2009）相关规定进行，高程控制网为精密水准网。严格按二等水准观测技术要求作业，平差后精度比较容易满足要求。隧道内水准观测从附近设计院给出水准点引出，采用绝对高程计算初始值和变化量，地表沉降如果引测水准点困难，采用相对高程来监测。

1. 量测间距

确定量测间距如表8-4与表8-5所示。

表 8-4 净空位移、拱顶下沉的测点间距

条件	量测断面间距（m）
洞口附近	10
埋深小于 $2D$	10
施工进展 200 m 前	20（土砂围岩减小到 10）
施工进展 200 m 后	30（土砂围岩减小到 20）

表 8-5 地表下沉量测的测点纵向间距

埋深 h 与洞室跨度 D 的关系	测点间距（m）
$2D < h$	20 ～ 50
$D < h < 2D$	10 ～ 20
$h < D$	5 ～ 10

2. 测点设置

①净空位移的测线布置如表8-6所示和图8-2所示。

②围岩位移测孔的布置。

③锚杆轴力量测锚杆的布置。

④衬砌应力量测布置。

⑤地表、地中沉降测点布置。

表 8-6 净空变化量测基准线布置

地段 施工方法	一般地段	特殊地质			
		洞口	埋深小于 2*D*	膨胀或偏压地段	实施 B 类量测地段
全断面	1～2 条水平基线	1～2 条水平基线	三条三角形基线	三条基线	三条基线
短台阶	两条水平基线	两条水平基线	四条基线	四条基线	四条基线
多台阶	每台阶一条水平基线	每台阶一条水平基线	外加两条斜基线	外加两条斜基线	外加两条斜基线

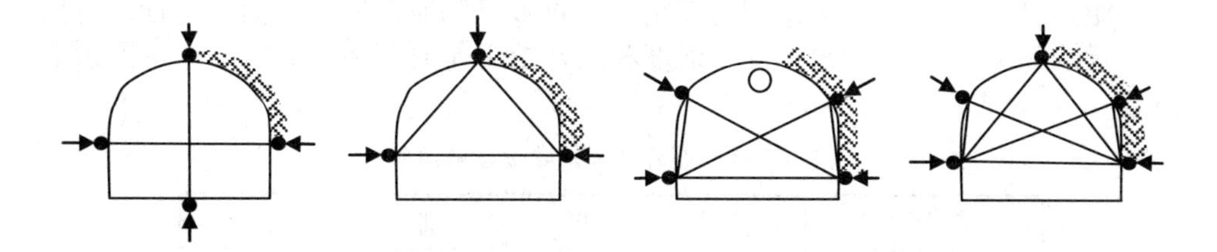

图 8-2 净空变化量测基准线布置

（二）测点设置要求及量测工具

周边位移量测以水平相对净空变化值的量测为主，水平净空变化量测线的布置应根据施工方法、地质条件、量测断面所在位置、隧道埋置深度等条件确定。拱顶下沉量的位置在每一断面宜布设1～3点。若地质条件复杂，下沉量大或偏压明显时，应同时量测拱腰下沉及地基隆起量。测点的安装应能保证在开挖后12h（最迟不超过24 h）内和在下一循环开挖前测到初次读数。坑道周边收敛计可选球铰弹簧式或重锤式，拱顶下沉量采用水平仪、水准尺和挂钩钢尺等，有条件时可采用激光隧道断面监测仪进行量测。变形量测可采用单点或多点式锚头和传力杆，配以机械式百分表或点测位移计。

四、隧道地下工程测试实施计划

（一）测试实施计划要点

1. 测点安装

应尽快进行，以尽量及早获得靠近推进工作面的动态数据。一般规定应测项目测点的初读数，应在爆破后24 h 内，在下一循环爆破前取得。

2. 量测频率

主要根据位移速率和测点距开挖面距离而定。

（二）隧道量测断面间距及量测频率

①地质及支护状况的观察，对判断围岩稳定性、进行开挖前的地质预报等十分重要，所有地质观察和记录对开挖后的每一个工作面都应进行，必要时还要进行地质描述。

对初期支护应进行喷射混凝土、锚杆、钢架等状况描述。

②净空变形量测断面的间距应根据围岩级别、隧道断面尺寸、埋置深度确定，其间距按表8-7。拱顶下沉量测与净空水平收敛量测应在同一断面内进行，用相同的量测频率，按表8-8根据变形速度和距开挖工作面距离较高的一个量测频率进行。

表 8-7 拱顶下沉及周边收敛量测间距

围岩级别	Ⅴ	Ⅳ	Ⅲ	Ⅱ
量测断面间距 /m	5	10	20 ～ 50	50 ～ 100

表 8-8 拱顶下沉及周边收敛量测频率

变形速度 /（mm • d^{-1}）	量测断面距开挖工作面距离（m）	量测频率
≥ 5	（0 ～ 1）*B*	1 ～ 2 次 /d
1 ～ 5	（1 ～ 2）*B*	1 次 /d
0.5 ～ 1	（1 ～ 2）*B*	1 次 /2d
0.2 ～ 0.5	（2 ～ 5）*B*	1 次 /2d
＜ 0.2	＞ 5*B*	1 次 / 周

注：*B* 为隧道宽度。

③地表下沉量测应根据隧道埋置深度、地质条件、地表有无建筑物、采用的开挖方式等因素确定是否进行。底边下沉量测的测点应与净空水平收敛及拱顶下沉量测的测点布置在同一断面内，沿隧道中线，地表下沉量测断面的间距可按表8-9采用。

表 8-9 地表下沉量测断面间距表

埋置深度 *H*	$H > 2B$	$B < H < 2B$	$H < B$
量测断面间距（m）	20 ～ 50	10 ～ 20	10

注：*B* 为隧道宽度。

④需要进行横断面方向地表下沉量测时，其测点间距应取2～5 m，在同一量测断面内应取7～11个测点。地表下沉的量测频率应和拱顶下沉及净空水平收敛的量测频率相同。地表下沉量测应在开挖工作面前方 $H+h$（隧道埋置深度 + 隧道高度）处开始，直至初砌结构封闭，下沉基本停止为止。

（三）结束量测的时间

当围岩达到基本稳定后，以1次 /3d 的频率量测2周，若无明显变形，则可结束量测。位移量测频率如表8-10所示。

表 8-10 位移量测频率

位移速率 /（mm・d^{-1}）	量测断面距开挖工作面距离（m）	量测频率 /（次・d^{-1}）
＞5	（0～1）B	1～3
1～5	（0～2）B	1
0.5～1	（2～4）B	1
0.2～0.5	（2～5）B	1/（1～3）
＜0.2	（2～5）B	1/（7～15）

注：B 为隧道宽度。

（四）必测项目监控标准

必测项目监控标准如表8-11和表8-12所示。

表 8-11 浅埋隧道覆盖厚度值

单位：m

围岩级别	Ⅲ	Ⅳ	Ⅴ
双线隧道	8～10	15～20	30～35

表 8-12 地表沉降点纵向间距

隧道埋深与开挖宽度（m）	纵向测点间距（m）
$2B < H_0 < 2.5B$	20～50
$B < H_0 \leqslant 2B$	10～20
$H_0 \leqslant B$	5～10

注：H_0 为隧道埋深，B 为隧道开挖宽度。

（五）断面间距的监测

断面间距的监测如表8-13所示。

表 8-13 断面间距控制标准

围岩级别	断面间距（m）
V ～ VI	5
IV	10
III	30 ～ 50

（六）净空变化观测测线数量

净空变化观测测线数量如表8-14所示。

表 8-14 净空变化观测测线数量

开挖方法	一般地段	特殊地段
全断面法	一条水平测线	—
台阶法	每台阶一条水平测线	每台阶一条水平测线，两条斜测线
分部开挖法	每分部一条水平测线	上部每分部一条水平测线，两条斜测线，其余分部一条水平测线

（七）监控量测频率

监控量测频率如表8-15所示。

表 8-15 按距开挖面距离确定的监控量测频率

监测断面距开挖面距离	量测频率
（0 ～ 1）B	2 次 /d
（1 ～ 2）B	1 次 /d
（2 ～ 5）B	1 次 /（2 ～ 3d）
＞ 5B	1 次 /7d

注：B 为隧道最大开挖宽度。

（八）按位移速度确定监测频率

按位移速度确定监测频率如表8-16所示。

表 8-16 按位移速度确定监测频率

位移速度 /（$mm \cdot d^{-1}$）	量测频率
＞ 5	2 次 /d
1 ～ 5	1 次 /d

续表

位移速度 / (mm·d^{-1})	量测频率
0.5 ～ 1	1 次 / (2 ～ 3d)
＜0.5	1 次 /7d

①出现异常情况或不良地段时，应增大监测频率。

②由位移速度决定的监测频率和由开挖面的距离决定的监测频率，原则上采用较高频率。

在扩挖急剧卸载阶段，应每天测量一次，初衬施工到二衬完成期间2d 测量一次，当变形超过有关标准或场地条件变化时，应加密观测，当大雨、暴雨或基坑边堆载条件改变时，应及时连续观测。监测结果超过预警值时应加密观测，当有危险事故征兆时连续观测，并及时通知有关人员立即采取应急措施。为确保隧道安全，设计要求加强隧道监测，将监测数据及时反馈给有关人员，实行信息化施工，对各监测项目按要求设置预警值，超出预警值时迅速报有关部门处理。

五、监测资料的收集及数据分析

（一）监测资料的收集

由于地下工程自身的复杂性，对观测数据、人工巡视资料和其他有关工程资料要充分收集，除一般性监测资料外，应特别注意收集下述资料：

1. 仪器埋设附近的地质资料

包括地质素描图和钻孔柱状图、岩性、地质构造（节理、裂隙、断层和褶皱等）的详细描述，地下水状态和变化等，其中钻孔柱状图对多点位移计和测斜管等监测仪器的资料分析尤其重要，不可因施工不利或其他原因而随意舍弃。

2. 监测仪器埋设的详细资料

如施工详图、竣工图、仪器安装埋设记录、钻孔日记、钻孔的回填灌浆、渗压计等仪器端部各层埋设的详细记录等。

3. 有关的设计、地质、试验和科研资料

如计算分析、模型试验、室内外试验、前期监测资料报告、相近工程比较详尽的工程类比资料等。这些资料的完整与否，将直接影响监测资料分析结果的可靠性。

4. 监测断面附近爆破、开挖等施工作业的详细记录

如爆破时间、部位、装药量、药室布置、引爆方式、技术要求等；开挖方式、

部位、梯级、循环进尺、支护方式、参数、时机等。在地下工程中，不乏存在因施工资料不完整、不详尽而使监测资料无法正确分析解释的实例，必须认真吸取经验教训并引以为戒。

（二）监测资料及数据的处理分析

地下工程监测资料种类繁多，有表格、图形、文件、磁盘、录音录像、计算机数据库等多种形式。这些资料和数据的处理分析除了与边坡、大坝和坝基等相近外，也有独特的用于地下工程的分析和处理形式与方法，概述如下：

1. 物理量过程线

监测物理量过程线中横坐标宜采用时间和工作面间距双坐标；纵坐标宜采用物理量值和工作面间距双坐标。图中最好配有测点布置图，标出开挖进尺过程线和监控设计曲线。必要时，还应画出监测仪器附近爆破和各种支护等施工作业的进度曲线。

2. 物理量分布图

地下工程主要是绘制监测物理量沿洞周和围岩深度两个方向的分布图。

3. 物理量相关图

包括为进行统计比较而绘制的多测点或不同工程物理量之间的散点相关图和反映两物理量之间关系的曲线相关图。

4. 时间和空间效应曲线

这是由监测物理量过程线分离出来的，是地下工程进行监测资料定性分析的重要依据。时间效应是指在工作面不动且不进行施工作业条件下，由于围岩蠕变等原因引起各种监测量随时间的变化。空间效应是指仅仅由于开挖作业工作面推进引起的各种监测量的变化，一般具有瞬间突变的特点，与时间无关，属于岩体弹塑性变形。时间效应和空间效应与监测物理量总过程线的关系十分复杂，不满足叠加原理，因此在解决工程实际问题时要视实际情况决定其可行性。

5. 回归分析

根据影响该工程部位变形物理量的因子，如气温、地下水位、渗流量等，采用回归分析方法分析物理量变化趋势及产生变化的原因。

6. 成果分析

主要依据观测资料的计算成果、图表、曲线、回归成果等，及时分析监测部位的变化趋势、产生原因并进行安全性评价。对于突变值，应加以重点分析，首先进行有效性检验并进行多次观测比较，排除人为观测错误或因观测仪表损坏而产生的误差；其次分析是否因测点周围施工开挖、爆破、灌浆等干扰产生的测值突变。在此基础上，分析其产生问题的原因，及时采取安全应对措施。

六、监控量测工作的注意事项

①量测点的安设应能保证初读数在爆破24 h 内和下一循环爆破前完成，并测取初读数。

②测点安设在距开挖面2 m 范围内，且不大于一个循环进尺，并应细心保护，不受破坏。

③各项位移的测点，一般布置在同一断面内，测设结果应可互相印证、协同分析及应用。

④围岩压力量测除应与锚杆轴力量测孔对应布置外，还要在有代表性的部位设测点，以便了解支护体系在整个断面上的受力状态与支护效果。

⑤在局部加强锚杆地段，锚杆轴力量测要有代表性地设量测锚杆。

七、位移控制基准及变形管理等级

在隧道信息化施工中，监测后应对各种数据进行及时整理分析，判断其发展变化规律，并及时反馈到施工中，以此来指导施工。根据经验，采用《铁路隧道监控量测技术规程》（TB 1021—2007）的三级管理制度作为监测管理方式。可按表8-17和表8-18指导施工。

表 8-17 位移控制基准

类别	距开挖面 1 B（U_{1B}）	距开挖面 2 B（U_{1B}）	距开挖面较远
允许值	$0.65\ U_0$	$0.90\ U_0$	$1.00\ U_0$

注：B 为隧道开挖宽度，U_0 为极限相对位移值。

表 8-18 变形管理等级

管理等级	管理位移	施工状态	监测状态
Ⅲ	$U<\dfrac{U_{1B}}{3}$	可正常施工	正常
Ⅱ	$\dfrac{U_{1B}}{3}\leqslant U\leqslant\dfrac{2U_{1B}}{3}$	综合评价设计施工措施，并加强监测	加密
Ⅰ	$U>\dfrac{2U_{1B}}{3}$	暂停施工	加密

注：U 为实测位移值。

八、监测反馈及信息化施工管理

根据现场量测数据绘制水平相对净空变化、拱顶下沉时态曲线，净空水平收敛、拱顶下沉与距开挖工作面的关系图等。根据量测结果及《铁路隧道监控量测规程》（TB 10121—2007）的规定可根据表8-19中变形管理等级指导施工。当拱顶下沉，水平收敛速率达5 mm/d或位移量合计为100 mm时，应暂停掘进，并及时分析原因，采取处理措施。

表 8-19 变形管理等级

管理等级	Ⅲ	Ⅱ	Ⅰ
管理位移	$U_0<\frac{U_n}{3}$	$\frac{U_n}{3}\leqslant U_0\leqslant\frac{2U_n}{3}$	$U_0>\frac{2U_n}{3}$
施工状态	可正常施工	应加强支护	考虑采取特殊措施

注：U_0 为实测位移值，U_n 为允许位移值。

（一）监测数据的整理

监测工作进行一段时间或施工某一阶段结束后都要对量测结果进行总结和分析，把原始数据通过一定的方法，如按大小排序，用频率分布的形式把一组数据分布情况显示出来，进行数据的数字特征值计算，离群数据的取舍。寻找一种能够较好反映数据变化规律和趋势的函数关系式，对下一阶段的监测数据进行预测，以预测该测点可能出现的最大位移值和应力值，预测结构和建筑物的安全状况，评价施工方法，确定工程措施，采用的回归函数有以下几类。

①位移历时回归分析一般采用如下模型：

指指数模型：

$$U=Ae^{-B/t} \tag{8-1}$$

$$U=A\left(e^{-B/t}-e^{-B/t_0}\right) \tag{8-2}$$

对数模型：

$$U=A\lg[(B+t)/(B+t_0)] \tag{8-3}$$

双曲线模型：

$$U=t/(A+Bt) \tag{8-4}$$

式中：U 为变形值（或应力值）；

A、B 为回归系数；

t、t_0为测点观测时间。

②由于地下工程（隧道）开挖过程中地表纵向沉降，拱顶下沉及净空变化等位移受开挖工作面时空效应的影响，多采用指数函数进行回归分析。多数情况下，单个曲线进行回归时不能全面反映沉降历程，通常采用以拐点为对称的两条分段指数函数进行回归分析。

③绘制主要监测项目历时曲线图，对时态曲线应进行回归分析，预测可能出现的最大值和变化速度。

④根据量测成果对围岩稳定性进行综合判别：

a. 实测最大位移值或回归推算总相对位移值均应小于表8-17所列数值，并按表8-18变形管理等级指导施工。

b. 当隧道水平位移收敛速度为0.1～0.2 mm/d，拱顶下沉位移速度为0.1 mm/d时，可以认为围岩已基本稳定。

c. 当位移在时间曲线出现反弯点，即位移出现反常的急骤增加现象，表面围岩和支护已呈不稳定状态时，应及时加强支护，必要时应停止掘进，采取必要的安全措施。

（二）二次衬砌施作时间

埋深段（或硬质岩段）二次衬砌模筑施工应在初期支护变形基本稳定，并具备下列条件时施作：

①隧道周边位移速率有明显减缓趋势。

②碎片收敛（拱脚附近）速度小于0.1～0.2 mm/d或拱顶位移速度小于0.1 mm/d。

③施作二次衬砌前的收敛量已达到总收缩量的80%～90%。

当不能满足上述条件，且围岩变化无收敛趋势时，必须采取措施使初期支护基本稳定后，才可施作二次衬砌；对于洞口软弱围岩段、浅埋段、断层破碎带等二次衬砌应及时施作。

九、监测信息反馈程序

（一）量测数据处理的目的

由于现场量测所得的原始数据，不可避免具有一定的离散性，其中包含测量误差甚至测试错误，不经过整理和数学处理的量测数据一时难以直接利用。数学处理的目的是：

①将同一量测断面的各种量测数据进行分析对比、相互印证，以确认量测结果的可靠性。

②探求围岩变形或支护系统的受力随时间变化规律、空间分布规律，判定围岩和支护系统的稳定状态。

（二）量测数据处理的内容

①绘制位移、应力、应变随时间变化的曲线——时态曲线。

②绘制位移速率、应力速率、应变速率随时间变化的曲线。

③绘制位移、应力、应变随开挖面推进变化的曲线——空间曲线。

④绘制位移、应力、应变随围岩深度变化的曲线。

⑤绘制接触压力、支护结构应力在隧道横断面上的分布图。

（三）量测数据的应用

从维护围岩稳定性和支护系统的可靠性出发，现场测试人员关心围岩变形量的大小，是否侵入隧道设计断面的限界，是否对施工人员的安全构成威胁，以便及时调整设计参数和进行施工决策。

（四）初期支护阶段围岩稳定性的判据和施工管理

1. 根据最大位移值 U_n 进行施工管理

①当量测位移 U 小于 $U_n/3$时，表明围岩稳定，可以正常施工。

②当量测位移 U 大于 $U_n/3$并小于$2U_n/3$时，表明围岩变形偏大，应密切注意围岩动向，可采取一定的加强措施，如加密、加长锚杆等措施。

③当量测位移 U 大于$2U_n/3$时，表明围岩变形很大，应先停止掘进，并采取特殊的加固措施，如超前支护、注浆加固等。

④实测最大位移值或预测最大位移值不大于$2U_n/3$时，可认为初期支护达到基本稳定。

监测信息反馈程序如图8-3所示。

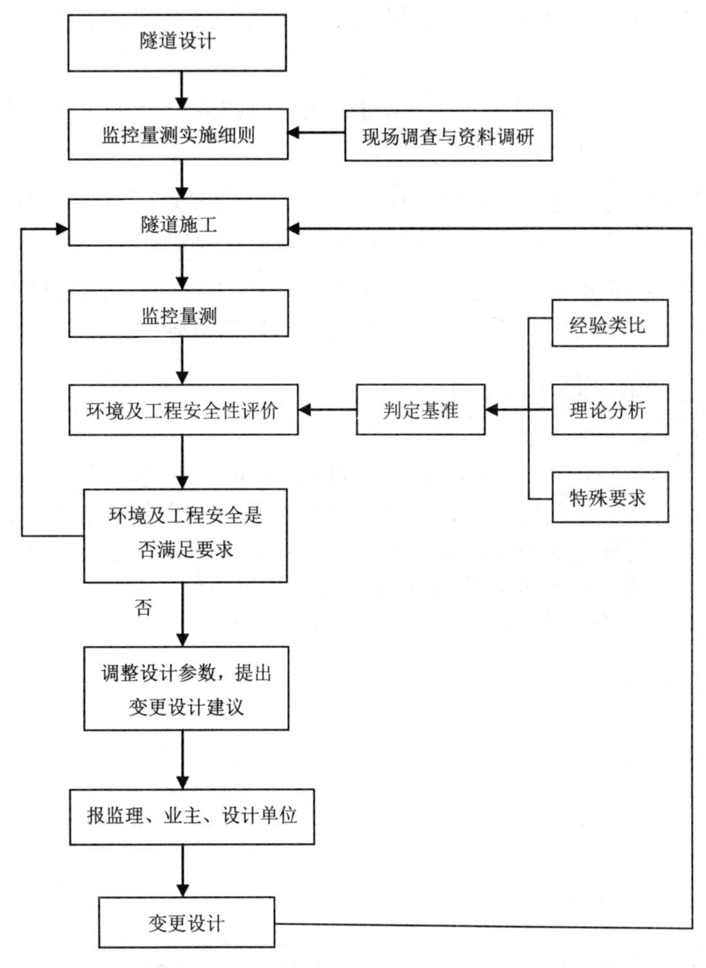

图 8-3 监测信息反馈程序

2. 根据位移速率进行施工管理

①当位移速率大于1 mm/d 时，表明围岩处于急剧变形阶段，应密切关注围岩动态。

②当位移速率在1～0.2 mm/d 之间时，表明围岩处于缓慢变形阶段。

③当位移速率小于0.2 mm/d 时，表明围岩已达到基本稳定，可以进行二次衬砌作业。

3. 根据位移时态曲线进行施工管理

每次量测后应及时整理数据，绘制时态曲线。

①如果位移速率很快变小，时态曲线很快平缓，表明围岩稳定性好，可适当减弱支护。

②如果位移速率逐渐变小，即 $d^2U/dt^2<0$，时态曲线趋于平缓，表明围岩变形趋于稳定，可正常施工。

③如果位移速率不变，即 $d^2U/dt^2=0$，时态曲线直线上升，表明围岩变形急剧增长，无稳定趋势，应及时加强支护，必要时暂停掘进。

（4）如果位移速率逐步增大，即 $d^2U/dt^2>0$，时态曲线出现反弯点，表明围岩已处于不稳定状态，应停止掘进，及时采取加固措施。

十、施工监测组织机构

针对本工程特点建立专业监测组织机构，成立监控量测及信息反馈组，成员由多年从事相关专业理论研究、监测经验及工程施工的专业技术人员组成，聘请具有丰富施工监测经验和较高学术水平、计算分析能力较强的专家教授担任组长、副组长。监测组分为现场监测和信息反馈两个小组，各设一名专项负责人，在组长的组织协调下进行地面和地下的日常监测及资料整理工作。

施工监测组织机构如图8-4所示。

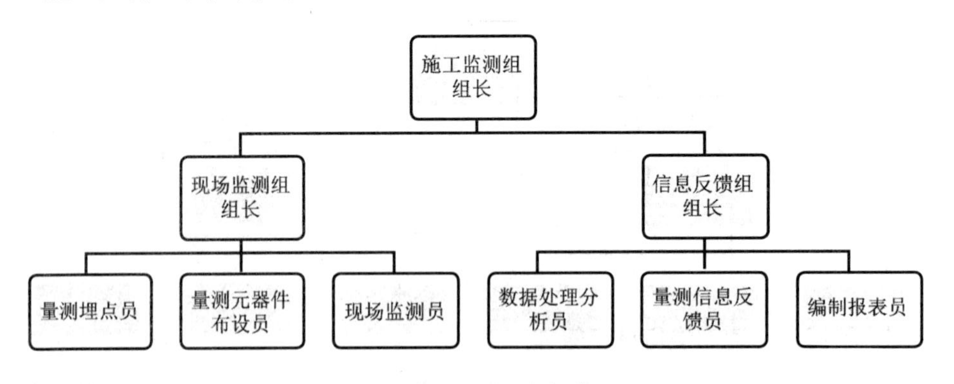

图 8-4 施工监测组织机构

十一、监测技术安全和质量保证措施

（一）监控量测质量保证措施

①提供有关切实可靠的数据记录。

②制定切实可行的监测实施方案和相应的测点埋设保护措施，并将其纳入工程施工进度控制计划中。

③量测项目人员要相对固定，保证数据资料的连续性。

④量测仪器采用专人使用、专人保养、专人检校的管理。

⑤量测设备、元器件等在使用前均应经过检校，合格后方可使用。

⑥各监测项目在监测过程中必须严格遵守相应的实施细则。

⑦量测数据均要经现场检查，室内两级复核后方可上报。

⑧量测数据的存储、计算、管理均采用计算机系统进行。

⑨各量测项目从设备的管理、使用及资料的整理均设专人负责。

（二）监控量测安全文明保证措施

监测工作是一个系统工程，因此在监测布点施工及测试时应将“安全监测、文明监测”放在首位，切实协调好各方关系，一切按相应规定及操作规程执行。具体地，主要有以下几方面：

①测点埋设前办理所需的各种手续，按规程进行布点施工。

②布设观测孔时先做好管线探测，以免钻孔时破坏管线。

③测点布置事先与施工单位沟通，特殊场地测点布设在征得业主同意后，请上级主管单位进行协调解决。

④在测点布设及监测时爱护周边环境（包括花草树木及其他）。

⑤路上车流量大，车速快，布点及测试时必须穿防护衣、加设防护桶，保证测试人员人身安全。

⑥在监测工作的生产及生活中，加强对监测组人员的文明行为教育，做到管理程序化，作业标准化。

⑦科学、合理地组织监测工作，加强现场监测管理，减少对周围环境的影响。

十二、紧急情况下的监测应急预案

①当隧道出现紧急情况和监测数据超过预警值时，或有下列情形之一的，需进行应急处理：

a. 地面沉降速率及累计沉降值超过监测控制标准。

b. 区间隧道水平收敛超过监测控制标准。

c. 隧道结构变形监测超过监测控制标准。

d. 受影响范围内房屋及构筑物相对倾斜值及倾斜变化速率超过监测标准。

e. 其他监测项目中有超过报警值标准的。

f. 其他工程突发情况。

②根据工程情况，现场监测人员应采取如下应急措施：

a. 增加监测项目。

b. 增加危险位置周边测点。

c. 增加危险位置周边测点的监测频率。

d. 增加监测人员和仪器设备。

e. 建立紧急状态下监测工作制度和信息传递机制。

f. 紧急状态下监测工程师必须进驻现场并监督管理监测工作。

g. 对工程提出合理有效的建议等，并在监理批准的情况下立即实施。

h. 施工单位应积极配合各项监测工作，并根据监测结果进行信息化施工。

③当隧道地表沉降出现紧急情况或监测数据超过预警值时：

a. 加密布设危险位置周边地表沉降测点。

b. 增加危险位置周边地表沉降测点。

c. 增加危险位置周边测点的监测频率。

d. 监测工程师进驻现场并监督管理监测工作。

e. 及时上报反馈监测结果。

④当隧道拱顶沉降出现紧急情况或监测数据超过预警值时：

a. 增加危险位置周边地表沉降测点。

b. 增加危险位置周边拱顶沉降测点。

c. 增加危险位置周边测点的监测频率。

d. 监测工程师进驻现场并监督管理监测工作。

e. 及时上报反馈监测结果。

⑤当隧道水平收敛出现紧急情况或监测数据超过预警值时：

a. 增加危险位置周边地表沉降测点。

b. 增加危险位置周边水平收敛测点。

c. 增加危险位置周边测点的监测频率。

d. 监测工程师进驻现场并监督管理监测工作。

e. 及时上报反馈监测结果。

⑥当隧道其他监测项目出现紧急情况或监测数据超过预警值时：

a. 分析报警的原因和真实性。

b. 增加危险位置周边测点的监测频率。

c. 监测工程师进驻现场并监督管理监测工作。

d. 及时上报反馈监测结果。

十三、监测点的保护措施

（一）制度保证

建立奖罚措施，对现场施工作业人员严格管理，排除任何可能人为或故意的破坏现象发生。

（二）现场保证

布设点位时保障点的合理性，同时要保证其有不容易被破坏的强度，必要时加盖护筒和盖子给予保护。加强现场管理人员和技术员的巡查力度，高度重视监测点的保护工作。监测队伍对各项监测项目的测点应有状态给予技术交底，必要时有照片资料，便于现场工人理解和实施。

（三）地表沉降保护措施

加盖护筒在点周围围护，必要时加盖盖子。对现场做清扫作业的工人要交代清楚，防止被土灰或泥土覆盖掩埋。

（四）水平收敛监测点保护措施

安装时注意钩子的稳固结实，露出的部分不对其他施工工序作业产生影响。

（五）建立位移预测灰色模型

针对隧道拱顶下沉是隧道围岩力学行为的最直观体现，也是隧道施工监测最主要的项目这一明显特点，通过对几种常用的灰色系统模型进行对比分析，建立较能适合隧道位移预测（尤其是拱顶下沉预测）的灰色模型。

第四节　隧道地质超前预报技术研究

隧道在施工过程中容易出现一些突发事件（如隧道洞身坍塌失稳、地面超量沉降、洞顶渗漏、突水、坍塌等），为防止突发事件的发生或把损失降低至最少，必须事先知道隧道工作面前方的地质情况，据此采取相应的措施。

超前地质预报技术是在隧道施工之前，将开挖掌子面前方的地质情况通过地质勘察理论推断和仪器探测提前预报出来，能为施工单位提供准确的地质资料，弥补设计的不足，从而减少施工的盲目性，减少地质灾害的发生，保证施工安全、顺利，降低施工成本。

一、超前地质预报的主要内容和方法

（一）超前地质预报的主要内容

超前地质预报依据预报距离可分为长期（长距离）超前地质预报和短期（短距离）超前地质预报两类。长期超前地质预报可以探明工作面前方250～300 m范围内规模较大，严重影响施工的不良地质体的性质、位置、规模及含水性。

短期超前地质预报，预报距离一般在15～30 m，依据工作面的特征，通过观测、鉴别和分析，结合长期预报成果，推断前方可能出现的地层岩性情况以及掌子面不良地质体的延伸情况，并提出适当的施工方法、超前支护和施工支护建议。

（二）超前地质预报的工作方法

1. 长期超前地质预报

（1）前兆定量预测法

根据断层形成的力学机制和地应力能量释放形成的基本理论可以推知：断层破碎带的厚度（宽度）与断层影响带内的两个异常带的厚度之间有必然的联系。这种联系可以用数学公式表达出来，这样就可以应用经验公式超前预报隧道工作面前方隐伏断层的位置和破碎带厚度（宽度），并且通过断层产状、隧道走向、隧道断面的高度和宽度资料，预测影响隧道的长度。该方法的关键在于断层影响带内强度降低带的辨认和始见点的位置确定，这要通过掌子面上大量的地质编录工作来实现。在此不再详述。

（2）仪器探测法

仪器探测法主要有地质雷达法、浅层地震反射法和TSP-202系统探测法。地质雷达法是属于电磁波勘探的一种物探方法，雷达波的发射是通过一领结状面天线向地下辐射，此种方法在石灰岩中应用最合适，探距可达30 m。浅层地震反射法原理与 TSP-202系统探测法大致相同，探测距离可达100 m。TSP-202超前地质预报系统是由瑞士徕卡公司生产，探测距离为250～300 m，最高分辨率为1 m，探测空间为掌子面的前上方。TSP-202超前地质预报系统的解释主要是将探测后形成的图像结合地质实践、地质调查，确定不良地质体的位置、性质及大小等相关地质特征。

2. 短期超前地质预报

短期超前地质预报是在地面地质调查和长期超前地质预报的基础上，结合它们的成果进行的一种更加准确的预报，预报范围一般在掌子面前方15～20 m，主要的技术手段有临近前兆预测法和掌子面编录推断法。

二、围岩地质条件与施工的关系

（一）围岩地质条件对开挖方法的影响

隧道的开挖方法是根据隧道所处的围岩类别、施工机械化水平以及断面大小等因素综合确定。施工中开挖面的围岩稳定与否与采用的开挖方法密切相关。若在开挖之前，能准确判定围岩的工程地质特征、岩体结构及完整程度、地下水特征等，然后选择正确的开挖方法，即使遇到的围岩类别较低，施工也能顺利进行，不致发生坍塌。

（二）围岩地质条件对爆破技术的影响

目前钻爆法施工是隧道开挖的主要方法，提高隧道开挖的掘进速度、提高爆破质量、降低工程成本是目前钻爆法施工的主要任务。开挖中是否能取得较好的钻爆效果与炮眼布置密切相关。炮眼布置应根据岩石强度和地质特征综合考虑，根据地质状况合理进行钻爆设计，既可提高爆破效果加快施工进度，又可限制爆破对围岩的破坏和震动，从而避免进一步松弛岩体的结构而增大围岩压力，造成塌方。

（三）围岩地质条件与施工支护

隧道开挖前，岩体中的初始压力处于平衡状态，开挖后，岩体中的应力将重新分布，洞室周围围岩发生变形。由于围岩岩性和岩体结构特征的不同，这个过程有快有慢。对于坚硬的岩石，洞室开挖后，围岩回弹变形快，采用开挖后及时支护的方法较为合适。对于软弱围岩来说，洞室开挖后围岩变形往往要经过一个较长的时期，选择支护方式时，应以柔性支护为主，既允许围岩有一定的变形，又要对其变形加以控制，防止松散和坍塌。

超前地质预报技术通过实践应用，证明其为一种行之有效，非常实用的地质施工技术，它能准确地预报施工工作面前方一定范围内的地质状况及不良地质体的确切位置，为隧道施工提供准确的地质资料，为隧道开挖选择合理的支护措施提供了依据，使施工做到心中有数，防患于未然，避免了塌方等地质灾害的发生，为隧道的安全、顺利施工提供了有力的保障。实践证明超前地质预报技术是一种值得推广应用的施工地质新技术。

参考文献

[1] 刘松玉 . 土力学 [M].4版 . 北京：中国建筑工业出版社，2016.

[2] 张荫 . 岩土工程勘察 [M]. 北京：中国建筑工业出版社，2011.

[3] 晏长根，许江波，包含 . 岩体力学 [M]. 北京：人民交通出版社，2017.

[4] 刘天佑 . 地球物理勘探概论 [M]. 北京：地质出版社，2007.

[5] 鄢泰宁 . 岩石钻掘工程学 [M]. 武汉：中国地质大学出版社，2009.

[6] 李相然，岳同助 . 城市地下工程使用技术 [M]. 北京：中国建材工业出版社，2000.

[7] 黄强 . 勘察与地基若干重点技术问题 [M]. 北京：中国建筑工业出版社，2001.

[8] 胡伍生 . 土木工程测量学 [M]. 南京：东南大学出版社，2016.

[9] 何秀凤 . 变形监测新方法及其应用 [M]. 北京：科学出版社，2007.

[10] 王旭 . 建筑工程测量与勘察 [M]. 武汉：华中科技大学出版社，2008.

[11] 雷宛 . 工程与环境物探教程 [M]. 北京：地质出版社，2006.

[12] 李金铭 . 地电场与电法勘探 [M]. 北京：地质出版社，2005.

[13] 夏才初，潘国荣 . 岩土与地下工程监测 [M]. 北京：中国建筑工业出版社，2017.

[14] 唐建中，于春生，刘杰 . 岩土工程变形监测 [M]. 北京：中国建筑工业出版社，2016.

[15] 孙汝建，关秉洪，何宁 . 国外岩土工程监测仪器 [M]. 南京：东南大学出版社，2006.

[16] 刘兴远，雷用，康景文 . 边坡工程——设计 · 监测 · 鉴定与加固 [M].2版 . 北京：中国建筑工业出版社，2015.

[17] 陈祖煜，江小刚，杨健，等 . 岩质边坡稳定分析——原理 · 方法 · 程序 [M]. 北京：中国水利水电出版社，2005.

[18] 李海光，等 . 新型支挡结构设计与工程实例 [M].2版 . 北京：人民交通出版社，2011.

[19] 尉希成，周美玲 . 支挡结构设计手册 [M].3版 . 北京：中国建筑工业出版社，2015.

[20] 侯建国，王腾军 . 变形监测理论与应用 [M]. 北京：测绘出版社，2008.

[21] 中国有色金属工业长沙勘察设计院 . 工程地质测绘规程：YS 5206—2000[S]. 北京：中国计划出版社，2001.

[22] 中华人民共和国国家质量监督检验检疫总局，中国国家标准化管理委员会 . 岩土工程仪器基本参数及通用技术条件：GB/T 15406—2007[S]. 北京：中国标准出版社，2007.

[23] 中华人民共和国建设部，国家质量技术监督局 . 地基动力特性测试规范：GB/T50269—2015[S]. 北京：中国计划出版社，2016.

[24] 中华人民共和国建设部，国家质量技术监督局 . 土工试验方法标准：GB/T50123—1999 [S]. 北京：中国计划出版社，1999.

[25] 中华人民共和国住房和城乡建设部，中华人民共和国国家质量监督检验检疫总局 . 工程岩体试验方法标准：GB/T50266—2013 [S]. 北京：中国计划出版社，2013.

[26] 中华人民共和国建设部，中华人民共和国国家质量监督检验检疫总局 . 岩土工程勘察规范：GB/T50021—2001[S]. 北京：中国建筑工业出版社，2004.